science·i

マンガでわかる有機化学

結合と反応のふしぎから
環境にやさしい化合物まで

齋藤勝裕

SB Creative

著者プロフィール

齋藤勝裕（さいとう かつひろ）

1945年5月3日生まれ。1974年東北大学大学院理学研究科博士課程修了。理学博士。現在は名古屋市立大学特任教授、名古屋産業化学研究所上席研究員、名城大学非常勤講師、名古屋工業大学名誉教授などを兼務。専門分野は有機化学、物理化学、光化学、超分子化学。『マンガでわかる元素118』『周期表に強くなる！』『マンガでわかる有機化学』『マンガでわかる無機化学』『カラー図解でわかる高校化学超入門』（サイエンス・アイ新書）ほか、著書多数。

登場キャラクター紹介

姫

魔法化学の国家試験合格を目指して勉強中。

化学先生

邸に雇われた家庭教師。姫を合格させるのが役目。

富沢

邸の執事。姫のお世話役。

本文デザイン・アートディレクション：クニメディア株式会社

カバー・本文イラスト・マンガ：保田正和

（http://www.vesta.dti.ne.jp/~yasuyasu/）

はじめに

小著『マンガでわかる有機化学』をお届けします。本書は表題のとおり、マンガを読み進むと自動的に有機化学がわかるしかけになっています。マンガは楽しいものです。そしてそのとおり、本書の有機化学も楽しい有機化学です。少なくとも高校時代に、「これがわからないと大学は危ないぞ！」などと言われながら、額にシワを寄せてイヤイヤやっていた有機化学とは大違いです。

マンガ雑誌の読みきりマンガでも読むつもりで、軽くパラパラっとめくって、見開きページの右側のマンガを追ってください。その調子で最後のページまでいったら、あなたは有機化学に関してほかの人に自慢できるだけの知識を身につけていることは間違いありません。それだけの知識があれば、日常のたいていの有機化学的な問題の解決はできるはずです。

時間があったら、あるいはおもしろいと思ったら、左側の文章を読んでみてください。簡単で短い文章です。しかも項目ごとに切ってありますから、数行でひと区切りです。でも、そこには右側ページのマンガの解説が書いてあります。マンガの理解を補って、教科書以上の知識を身につけることができるでしょう。

このように、本書はなにも苦労することなく、楽しみながら有機化学の最先端の知識までを身につけようという、スゴク欲ばった本です。きっと、「いい本にめぐり会えた！」と喜んでいただけるものと確信しています。

よく、「有機化学は暗記だ」と言われます。ウソです。有機化学に暗記など必要ありません。それは、どんな勉強だって初歩の術語を知らないことには話が始まりませんから、多少の術語を覚えることは必要でしょう。しかしそれは数学でいえば“1234”、英語でいえば“abcd”、国語でいえば“あいうえお”みたいなものです。しかしだからといって、数学を「暗記物」などと言う人はいません。

有機化学も同じです。基礎がわかれば、あとはそれを用いての推論、推量で進んでいけます。そういった意味で有機化学は、非常に理論的な体系です。数学と似ています。そして有機化学のすばらしいところは、理論的であると同時に芸術的であるということです。有機化学は“理論家”には向かない分野です。理論家もソコソコまではいけるでしょうが、一流の有機化学者は“芸術的な人”ばかりです。そこが、有機化学がほかの化学、あるいはほかの科学（サイエンス）と違うところです。

有機化学者に最後に要求されるのは“センス”なのです。理論でも知識でもありません。センスなのです。美術的、芸術的センスなのです。ヒラメキであり、感覚なのです。

有機化学の論文をご覧になったら、絵の多いことに驚くでしょう。この絵が有機化学の言語なのです。この絵は化学式といわれるものですが、高校の化学で習ったような、元素記号ムキダシのヤバンで無骨なものではありません。整然とした幾何学模様の並んだ、抽象絵画のような美しいものです。

このような絵画的、芸術的な有機化学を紹介するのにマンガは最適といえるでしょう。いままでなぜこのような本がでなかったのかふしぎなくらいです。マンガだから程度が低い、などと考えないでください。有機化学そのものが絵画で表記される研究なのです。マンガによる表現力はもしかしたら化学式以上のものかもしれません。

勉強は本来、楽しいものです。少なくとも嫌われるようなものではないはずです。ところが勉強を好きな人は、みなさんを除けば少数派でしょう。これはどうしたことでしょう？　現代の教育体制、あるいは教科書、参考書に工夫が足りないのかもしれません。

本書がそのような現状を打ち破るための、1つの起爆剤になるかもしれないと、私はヒソカナ“野望”をもっています。みなさんが本書で有機化学のおもしろさを実感され、「もう1冊有機化学の本を読もうか？」と思ってくださったら、私のいちばんうれしく思うところです。

最後に、本書出版になみなみならぬ努力を払ってくださったサイエンス・アイ編集部の石 周子さんと、マンガを描いてくださった保田正和さんに感謝します。

2009年10月　齋藤勝裕

マンガでわかる有機化学

結合と反応のふしぎから環境にやさしい化合物まで

CONTENTS

サイエンス・アイ新書

CONTENTS

CHAPTER 1

原子構造と化学結合

有機化学は生命体に由来する有機分子を中心に扱う研究分野です。しかし、有機分子も無機分子もすべては原子からできています。そのため、分子の構造や性質、反応性を明らかにするには、まず原子の性質を明らかにする必要があります。

CHAPTER 1 SECTION 1

原子ってなんだろう?

① 原子の大きさと形

すべての物質は**原子**からできています。有機化合物も同様です。原子を実際に見た人は誰もいませんが、原子は**雲でできた球のようなもの**と考えられています。

原子は非常に小さく、拡大してピンポン玉にしたとき、同じ拡大率で拡大したピンポン玉は、地球の大きさほどになります。

② 原子をつくるもの

原子の雲にあたる部分を**電子雲**といい、複数個の**電子**(記号e)でできています。電子はマイナスに荷電しており、1個の電子の電荷量を－1とする約束になっています。したがって、Z個の電子からできた電子雲は、－Zの電荷をもつことになります。

電子雲の真ん中には、**原子核**と呼ばれる、小さくて密度の高い粒子があります。原子核はプラスに荷電しています。そして、電子雲の電荷が－Zの原子の原子核は、＋Zの電荷をもつようにできています。そのため、原子は全体として**電気的に中性**です。

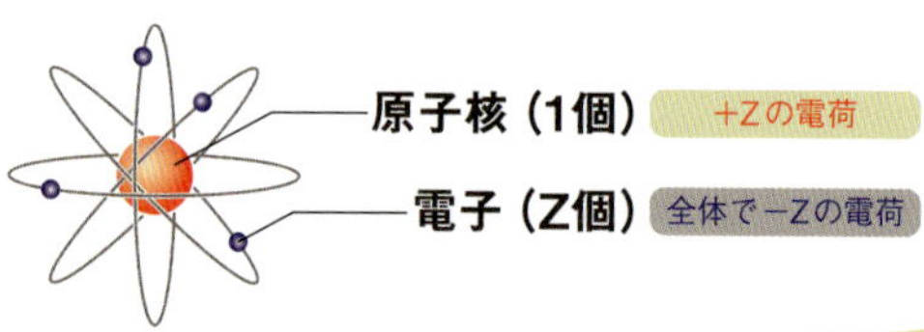

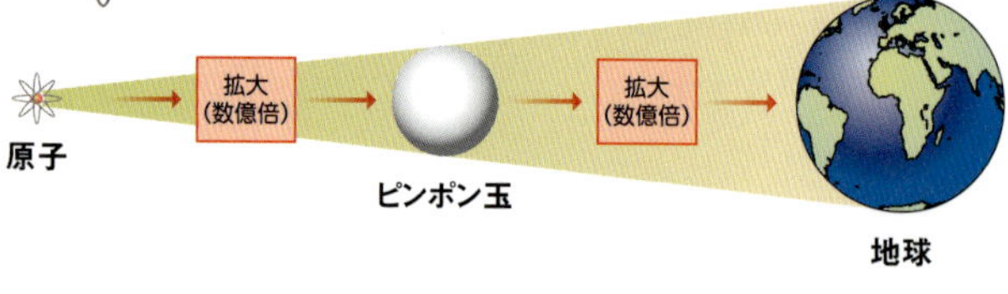

有機化学では有機化合物について学びます
準備はよろしいですか 姫？
ふぇ～い
くりくり
有機化合物は炭素や水素など特定の数種類の原子がつながってできた分子からなります
でてくる原子は少しだけ
メタン CH_4
大事なのはどんなふうにつながっているか？なのです
すた すた すた
すた すた
そこで第1章ではまず
おーい
おーい
なぜ原子はつながることができているのか？を学びましょう
最初は原子のしくみから
……すでに寝とる!!

電子は電子殻に入るんです

① 電子殻は電子の住まい

水素原子は1個ですが、炭素、窒素、酸素はそれぞれ6、7、8個の電子をもっています。大きい原子は何十個もの電子をもっています。これらの電子は、原子核の周りに適当に集まっているわけではありません。

すべての電子にはキチンとした定位置が、指定席のように定まっています。電子が入ることのできる場所を**電子殻**といいます。電子殻は、原子核の周りに、変わり玉のように層状になって存在しています。おのおのの電子殻には名前がついており、原子核に近いものから順にK殻、L殻、M殻、N殻……となっています。すなわち、アルファベットのKから始まる順番です。

② 量子数が定員を決める

各電子殻には定員があります。それはK殻(2個)、L殻(8個)、M殻(18個)、N殻(32個)……などです。これはnを整数とすると定員数$=2n^2$の関係になっています。nはK殻(1)、L殻(2)などですが、これを特に**量子数**といいます。量子数は原子や分子の性質を決める重要な数です。

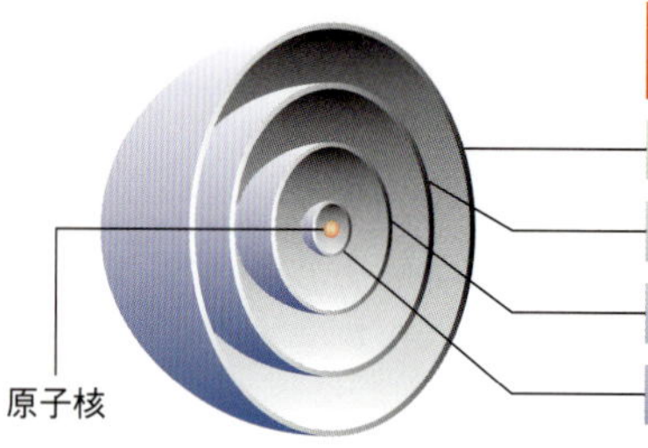

	量子数 (n)	定員数 ($2\times n^2$)
N殻	4	32個
M殻	3	18個
L殻	2	8個
K殻	1	2個

原子全体は
電気的に
中性です
電子雲
マイナスに荷電
原子核
プラスに荷電
それは原子核の中の
陽子(＋)と、
中性子(電荷量なし)
陽子(＋1)
同じ数
電子(－1)
電子雲をつくる
電子(－)の数が
同じということです
そして各原子がもつ
陽子の数
これを
表したものが
原子番号です
1H
6C
7N
8O
では
姫
たとえば
原子番号6の
炭素原子の場合
もっている
電子の数は？
超簡単
6個！
ビシッ
ビッ
ビシッ
原子番号
＝陽子の数＝電子の数
そのとおり
でも
大切な
ことが
あります
電子は数だけでなく
入る場所もまた
きっちり
決まっています
きっちり
つまりこれが
電子殻
えー？
めんど
くさーい
え？

電子にも住所があります

① 電子の入室規則

電子が電子殻に入るときには約束があります。マンションの入室規則のようなものです。それは、原子核に近い電子殻から順々に、定員を守って入っていくというものです。

各電子殻に、電子がどのように入っているかを表したものを、**電子配置**といいます。

② 電子配置

小さな原子の電子配置を**下図**に示しました。水素は1個の電子しかもっていませんから、この電子はK殻に入ります。ヘリウムHeの電子は2個ですが、K殻の定員は2個ですから、2個ともK殻に入ります。これでK殻は定員いっぱいです。

このように、電子殻が定員でいっぱいになった状態を**閉殻構造**といい、特別の安定性をもっています。それに対して、水素のように定員に満たない構造を**開殻構造**といいます。

本書の主人公の炭素は電子が6個であり、K殻に2個、L殻に4個の電子をもっているので開殻構造です。ネオンNeになるとK殻、L殻ともに定員でいっぱいとなり、ふたたび閉殻構造となります。

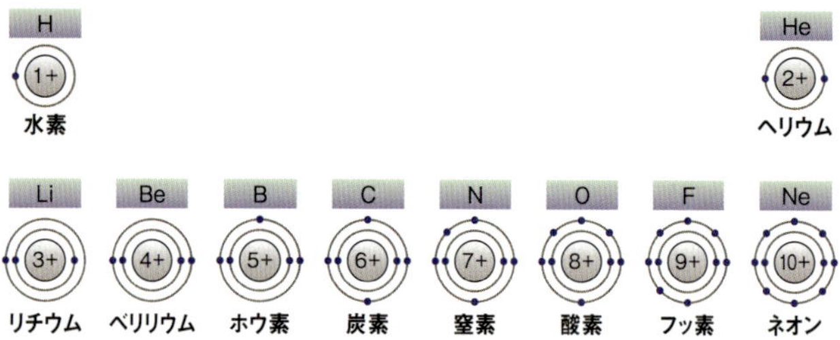

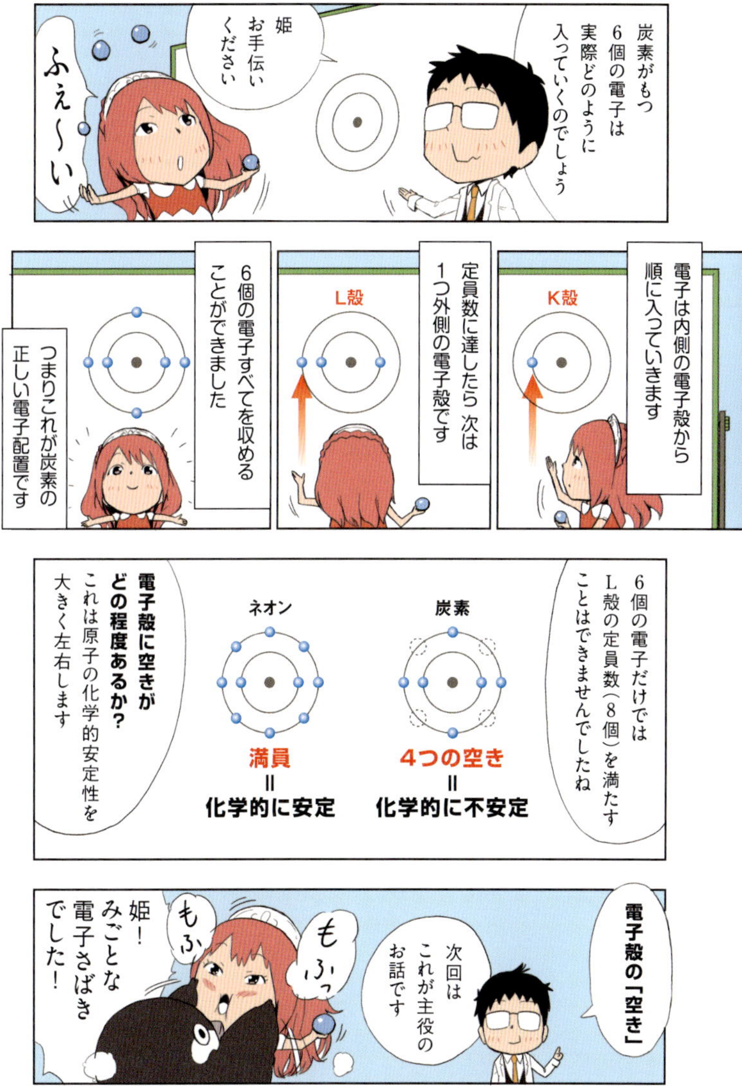
炭素がもつ6個の電子は実際どのように入っていくのでしょう
姫 お手伝いください
ふえ～い
電子は内側の電子殻から順に入っていきます
K殻
定員数に達したら 次は1つ外側の電子殻です
L殻
6個の電子すべてを収めることができました
つまりこれが炭素の正しい電子配置です
6個の電子だけではL殻の定員数（8個）を満たすことはできませんでしたね
炭素
4つの空き
＝
化学的に不安定
ネオン
満員
＝
化学的に安定
電子殻に空きがどの程度あるか？
これは原子の化学的安定性を大きく左右します
電子殻の「空き」
次回はこれが主役のお話です
もふっ
もふ
姫！みごとな電子さばきでした！

1 CHAPTER 4 SECTION

イオンってなんだろう?

① 陽イオン―カチオン

閉殻構造をもった原子には、特別の安定性があります。そのため、原子は電子を放出したり受け入れたりして、閉殻構造になろうとする傾向があります。

リチウムLiがL殻の電子を放出すると、ヘリウムHeと同じ電子配置の閉殻構造になります。Liが電子1個を放出すると、電子雲の電子は2個になるので、電荷は−2となります。一方、原子核の電荷は+3のままなので、全体として+1に荷電することになります。このように陽電荷の過剰な状態を一般に**陽イオン**、あるいは**カチオン**といいます。Liの陽イオンをLi^+と表します。

同様に、ナトリウムNaも陽イオンNa^+になろうとします。

② 陰イオン―アニオン

フッ素FのL殻には7個の電子が入っています。もう1個あれば8個となって満杯になり、ネオンと同じ閉殻構造になります。このためFは1個の電子を取り込んで、F^-となろうとします。このようなものを一般に**陰イオン**、あるいは**アニオン**といいます。

同様に酸素Oは電子を2個増やすと閉殻構造になるので、2価の陰イオンO^{2-}となる傾向があります。

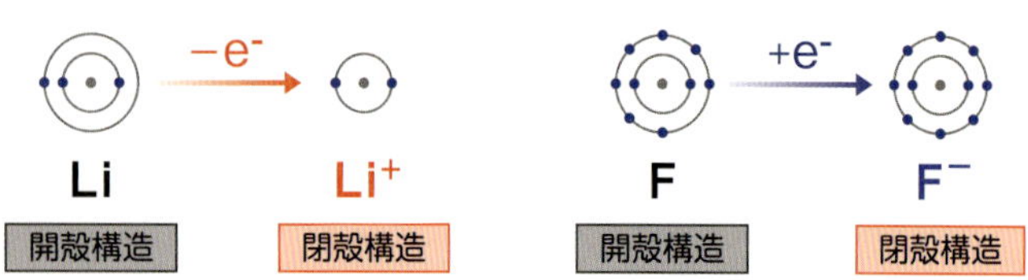

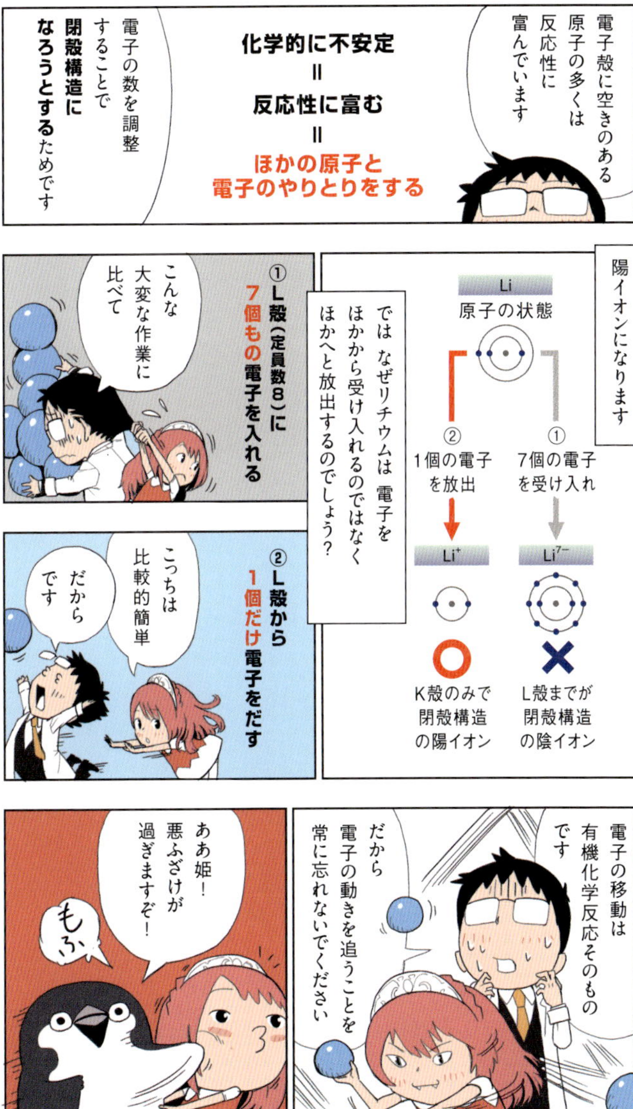
電子殻に空きのある原子の多くは反応性に富んでいます
化学的に不安定
=
反応性に富む
=
ほかの原子と電子のやりとりをする
電子の数を調整することで閉殻構造になろうとするためです
たとえばリチウムは陽イオンになります
Li
原子の状態
① 7個の電子を受け入れ
Li^{7-}
×
L殻までが閉殻構造の陰イオン
② 1個の電子を放出
Li^{+}
○
K殻のみで閉殻構造の陽イオン
では なぜリチウムは 電子をほかから受け入れるのではなくほかへと放出するのでしょう?
①L殻(定員数8)に7個もの電子を入れる
こんな大変な作業に比べて
②L殻から1個だけ電子をだす
こっちは比較的簡単
だからです
電子の移動は有機化学反応そのものです
だから電子の動きを追うことを常に忘れないでください
ああ姫!悪ふざけが過ぎますぞ!
もふ

1 CHAPTER 5 SECTION

電気陰性度って聞いたことないケド?

① 電気陰性度

原子には、電子を受け入れて陰イオンになろうとするものと、電子を放出して陽イオンになろうとするものとがあります。

原子が電子を受け入れて陰イオンになろうとする度合いを数値化したものを**電気陰性度**といいます。電気陰性度の大きい原子ほど、電子を受け入れてマイナスに荷電しやすいことを示します。

② 電気陰性度の順序

電気陰性度の数値を、周期表にしたがって示しました。周期表の右上の元素ほどマイナスになりやすいことがわかります。

この表によれば、有機化学に関係する原子の、電子を引きつける順序は次のようになります。

Na＜Li＜H＜C＜N＝Cl＜O＜F

つまり、炭素の電子を引きつける力は非常に弱く、炭素より弱いのはリチウムLiやナトリウムNaなどの金属原子を除けば、水素だけだということです。

この順序を頭にプリントしておくと、ずいぶんと役立ちます。

H 2.1							He –
Li 1.0	Be 1.5	B 2.0	C 2.5	N 3.0	O 3.5	F 4.0	Ne –
Na 0.9	Mg 1.2	Al 1.5	Si 1.8	P 2.1	S 2.5	Cl 3.0	Ar –
K 0.8	Ca 1.0	Sc 1.3	Ge 1.8	As 2.0	Se 2.4	Br 2.8	Kr –

全品10%引き
コンビニは便利ですね 姫
大好き
よい気分転換でございます
私も便利なものを知っていますよ
ソフトクリーム巻き器?
電気陰性度です
電気陰性度の順序をほんの少し覚えておけば
反応のしやすさを考えるうえでの目安になったり
結合の仕方が予測できたり
ペロペロペロペロ
分子のどこら辺がマイナスに荷電してるかわかったり
それから……!
……たり!
よい気分転換になりましたね

分子・分子式・分子量。関係は？

① 分子と分子式

分子は複数個の原子が集まってつくった構造体です。この構造体がどのようなものであるかを表す記号が、何種類かあります。それが分子式や分子量、構造式ですが、構造式はあとで見ることにしましょう。

分子式は分子を構成する原子の種類と個数を表したものです。水の分子式はH_2Oであり、水素Hが2個と酸素Oが1個からできたものであることを表します。

ベンゼンC_6H_6は、6個のCと6個のHからできていることを示します。省略？してCHとしたりしてはいけません。

② 分子式と分子量

分子量は分子1個の重さを表す指標であり、分子を構成する全原子の原子量の総和で表されます。水H_2Oなら1(Hの原子量)×2＋16(Oの原子量)＝18となります。ベンゼンC_6H_6なら12(Cの原子量)×6＋1×6＝78となります。

1モルの分子の質量は、分子量(にgをつけたもの)に等しくなります。したがって水1モルは18g、ベンゼン1モルは78gとなります。また、1モルの気体の体積はすべて22.4Lですから、気体の水、ベンゼンの質量は22.4Lでそれぞれ18g、78gです。

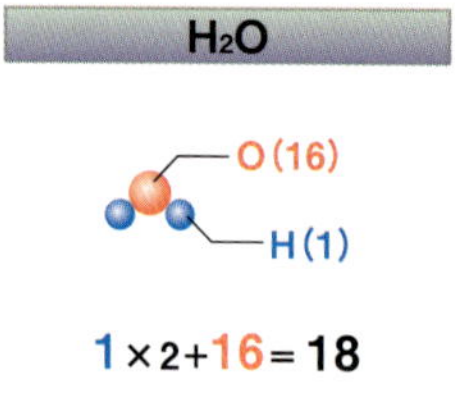

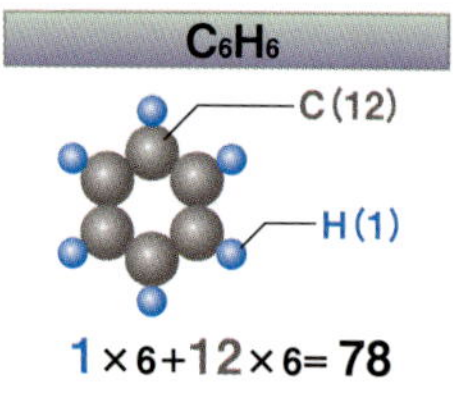

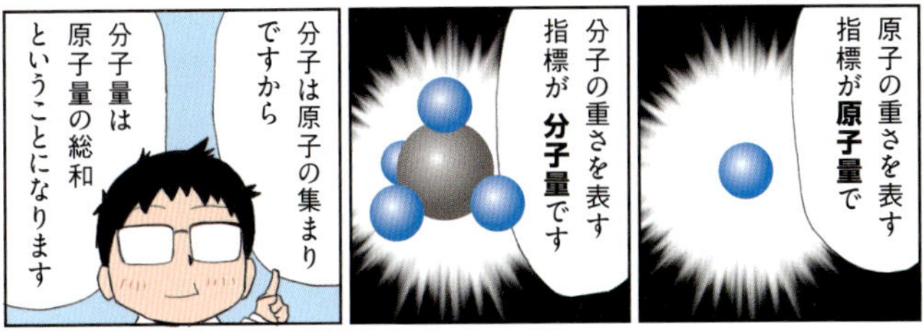
原子の重さを表す指標が原子量で
分子の重さを表す指標が分子量です
分子は原子の集まりですから
分子量は原子量の総和ということになります

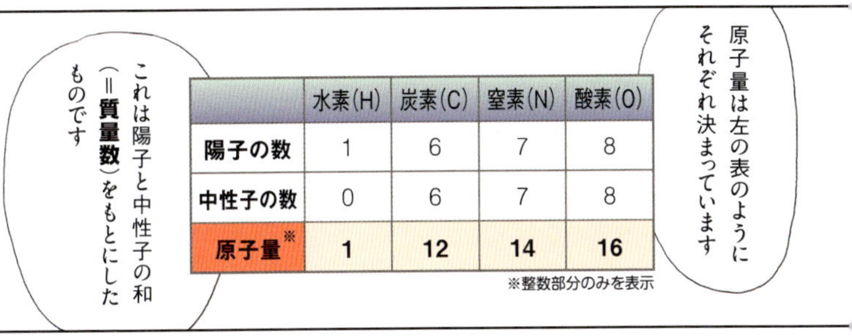
原子量は左の表のようにそれぞれ決まっています
これは陽子と中性子の和（＝質量数）をもとにしたものです

	水素(H)	炭素(C)	窒素(N)	酸素(O)
陽子の数	1	6	7	8
中性子の数	0	6	7	8
原子量※	**1**	**12**	**14**	**16**

※整数部分のみを表示

うーん だから
炭素原子1個の重さは……12……グラム？
？
いいえ そうではありません
原子1個はとても小さいものなので一定量の個数をまとめて1つの単位をつくりました
これが「モル」です
1モル(mol) ＝ 6.02×10^{23}個
原子量・分子量にグラム(g)をつけたもの ＝ 1モルの質量
1モル つまり6.02×10^{23}個の炭素原子が集まるとそれは12グラムになります
原子量の総和である分子量もまた グラムをつけると1モルの質量になるということです
さっ

1 CHAPTER
7 SECTION

結合って イロイロあるんでしょ?

① イロイロな結合

結合にはたくさんの種類があります。代表的な結合と、その結合でできている分子の例を**下表**に示しました。

金属結合、イオン結合、共有結合などは典型的な結合で、原子やイオンを結びつける結合です。しかし、結合には分子同士を結びつけるものもあり、**分子間力**と呼ばれます。分子間力には水分子同士を結びつける水素結合や、電気的に中性な分子同士を結びつける**ファンデルワールス力**がよく知られています。

② 有機化合物＝共有結合

有機化合物をつくる結合は、ほぼすべてが**共有結合**です。共有結合は複雑な結合であり、さらに**単結合**、**二重結合**、**三重結合**などに分けることができます。

単結合を**飽和結合**、二重、三重結合を**不飽和結合**といいます。また、**共役二重結合**という、単結合と二重結合の中間のような結合もあります。共役二重結合は芳香族化合物をつくる結合です。

	結合			例
原子間結合	金属結合			鉄Fe、金Au
原子間結合	イオン結合			塩化ナトリウムNaCl
原子間結合	共有結合	飽和結合	単結合	H_3C-CH_3
原子間結合	共有結合	不飽和結合	二重結合	$H_2C=CH_2$
原子間結合	共有結合	不飽和結合	三重結合	$HC\equiv CH$
原子間結合	共有結合	不飽和結合	共役二重結合	$H_2C=CH-CH=CH_2$
分子間力	水素結合			水H_2O
分子間力	ファンデルワールス力			ヘリウムHe

不安定な原子がいます
これは電子の過不足などによるものです
原子は安定な状態を求めてただよい
別の原子に出会います

そしてつながり合い安定する
これが結合の基本です
もう大丈夫だ
がしっ

金属結合
金属原子が自由電子を介して結合
（金属元素と金属元素による結合）

イオン結合
イオン化した原子が静電引力で結合
（金属元素と非金属元素による結合）

共有結合
電子対を共有して結合
（非金属元素と非金属元素による結合）

有機化合物のほとんどは**共有結合**で
共有する電子対の数によってさらに分類することもできます

	表記法	電子の様子
単結合	A−B	A ･･ B
二重結合	A＝B	A ∷ B
三重結合	A≡B	A ⁝⁝ B

あたしもやる！
これは私の仕事です
ぐい

共有結合？

結合にも強弱があるんでしょ?

① 結合距離

引力の強弱は質量に関係するだけで、その係数gはすべての物質の間で同じです。しかし化学結合の強弱は結合の種類によって違いますし、結合する原子によっても異なります。

結合の強弱を測る目安の1つは**結合距離**です。強い結合は原子をしっかりと結びつけるので、原子間の距離は短くなります。**下表**に示したように炭素一炭素間の結合距離は、単結合>二重結合>三重結合の順になっています。

② 結合エネルギー

結合の強さを表すもう1つの尺度は、**結合エネルギー**です。これは、結合を切断するために要するエネルギーです。エネルギーが大きいほど強い結合です。これで見ると、分子間力は非常に弱いものであることがわかります。

分子	H_3C-CH_3	$H_2C=CH_2$	$HC\equiv CH$
距離(Å)	1.54	1.34	1.20

1Å=10^{-10}m

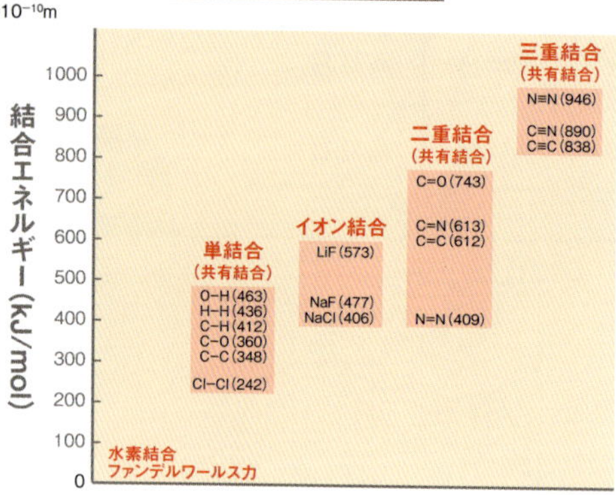

共有結合の距離は
単結合が最長で、
1本　単結合
二重結合、三重結合
の順で短くなり、
2本　二重結合
距離が短いほど
結合は強くなります
3本　三重結合
なかなか
切れません
毛利一族の
ようですな！
3本の矢！
ちょっと
違うような……

CHAPTER 1 SECTION 9

結合電子による共有結合

① 結合電子雲

共有結合は**結合電子雲**という糊(のり)による結合です。すなわち、結合する原子は互いに1個ずつの電子をだし合い、その合計2個の電子を糊(結合電子雲)として、互いにもち合う(共有する)のです。

下図は水素分子の結合状態を表したものです。プラスの原子核の間に、マイナスの結合電子雲があります。プラスとマイナスの電荷の間には静電引力が働きます。このようにして、2個の原子核は電子雲を糊のようにして接合することになるのです。

仲のよくない両親(原子核)でも、子供(結合電子)がいると離婚しないのと似た関係、といってはいけないでしょうか？

② 共有結合の個数

共有結合は原子の握手のようなものです。この場合、握手する手は1個の電子ですが、これを**結合手**あるいは**価標**といいます。

結合手は1本とはかぎらず、その本数は原子によって決まっています。すなわち、水素は1本ですが、酸素Oは2本、窒素Nは3本、そして炭素Cは4本です。したがって、酸素、窒素、炭素はそれぞれ2、3、4個の共有結合をつくることができます。

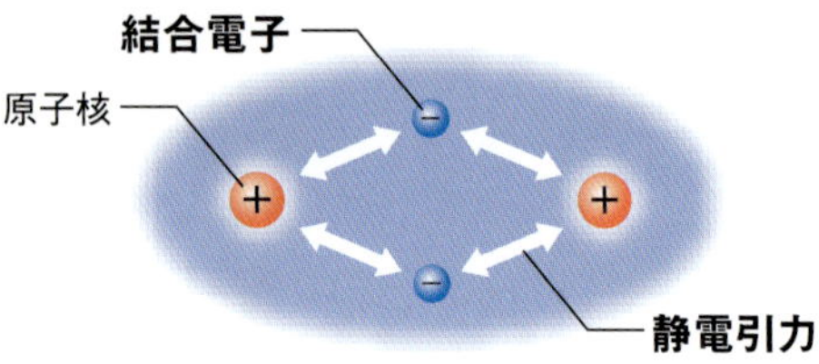

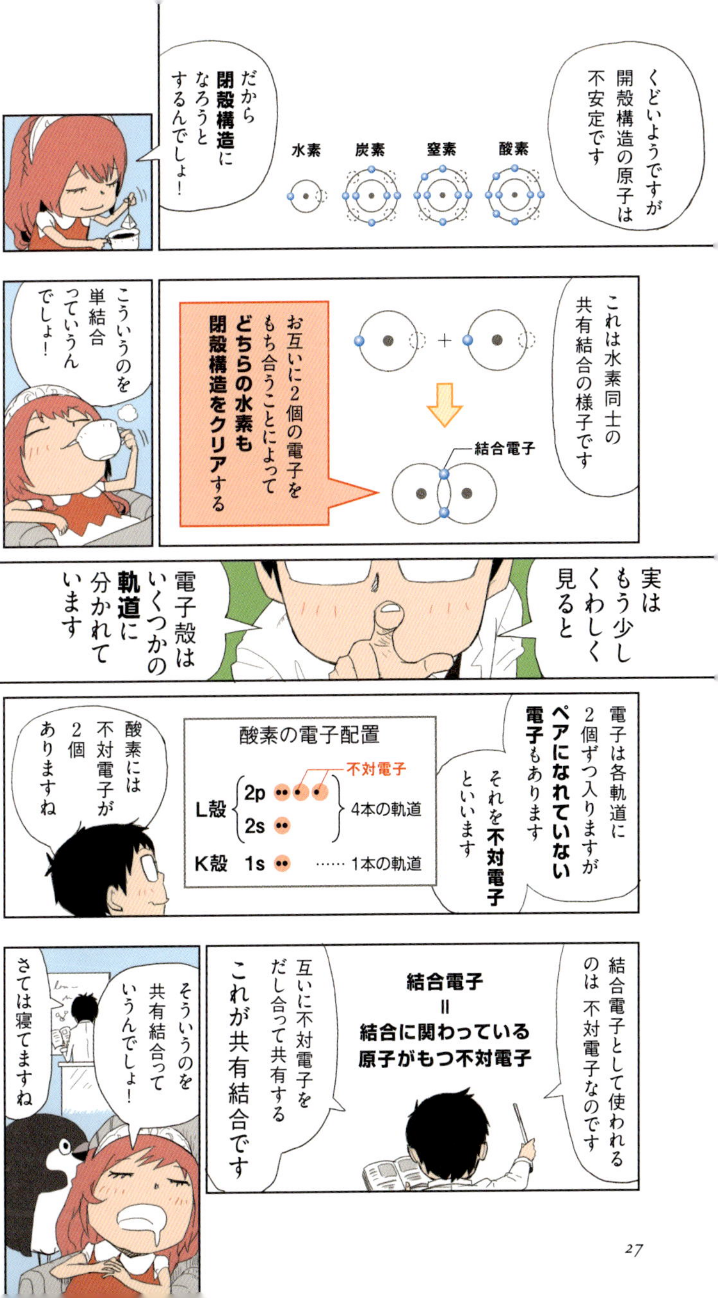
くどいようですが開殻構造の原子は不安定です
水素
炭素
窒素
酸素
だから閉殻構造になろうとするんでしょ！
これは水素同士の共有結合の様子です
お互いに2個の電子をもち合うことによってどちらの水素も閉殻構造をクリアする
結合電子
こういうのを単結合っていうんでしょ！
実はもう少しくわしく見ると
電子殻はいくつかの軌道に分かれています
電子は各軌道に2個ずつ入りますがペアになれていない電子もあります
それを不対電子といいます
酸素の電子配置
不対電子
L殻
2p
2s
4本の軌道
K殻
1s
…… 1本の軌道
酸素には不対電子が2個ありますね
結合電子として使われるのは不対電子なのです
結合電子
=
結合に関わっている原子がもつ不対電子
互いに不対電子をだし合って共有するこれが共有結合です
そういうのを共有結合っていうんでしょ！
さては寝てますね

分子の結合ってどうなってるの?

① 同じ原子の結合

もっとも簡単な分子は水素分子H_2です。2個の水素原子が1本ずつの結合手で結合しています。このような結合を**単結合**といいます。酸素分子O_2では、酸素原子が2本ずつの結合手で二重に共有結合しているので、この結合を**二重結合**といいます。同様に、3本の結合手をもつ窒素がつくる窒素分子N_2は**三重結合**をもちます。

② 異なる原子の結合

酸素は結合手が2本、水素は1本ですから、両者が結合するときには1個の酸素に2個の水素が結合します。これが水分子H_2Oです。同様に3本の結合手をもつ窒素では、3個の水素が結合したアンモニアNH_3ができます。結合手が4本の炭素の場合にはメタンCH_4ができます。メタンはもっとも簡単な有機分子であり、すべての有機分子の基本になります。

単結合

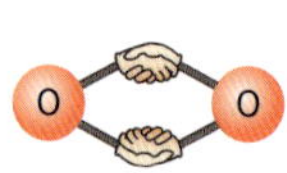

二重結合

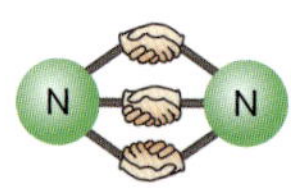

三重結合

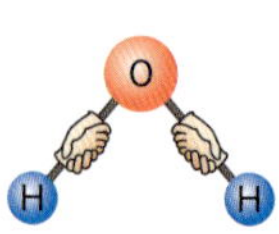

水(H_2O)

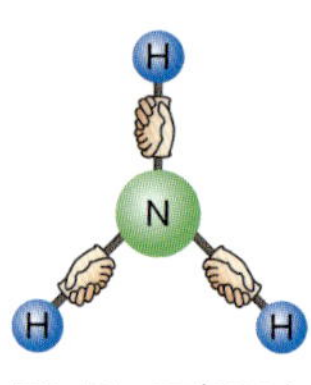

アンモニア(NH_3)

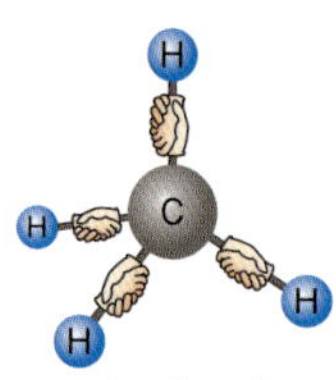

メタン(CH_4)

		水素(H)	炭素(C)	窒素(N)	酸素(O)
電子軌道	L殻	ー	● ● ● ●	●● ● ● ●	●● ●● ● ●
	K殻	●	●●	●●	●●
不対電子の数		1	4	3	2

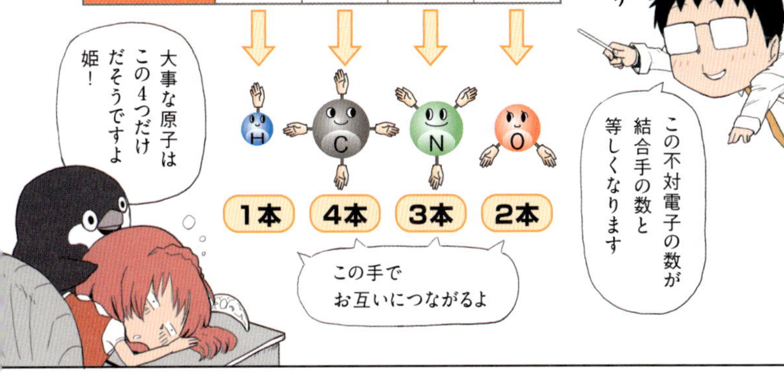

それぞれの原子の不対電子の数は表のとおりです
さっ
この不対電子の数が結合手の数と等しくなります
大事な原子はこの4つだけだそうですよ 姫!
1本
4本
3本
2本
この手でお互いにつながるよ

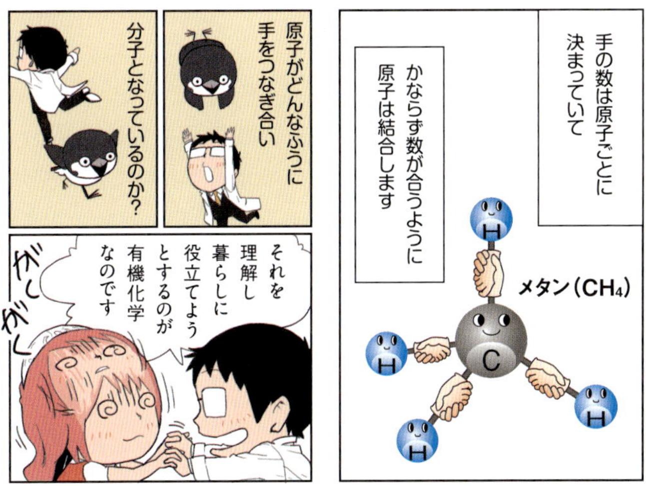

手の数は原子ごとに決まっていて
かならず数が合うように原子は結合します
メタン(CH_4)
原子がどんなふうに手をつなぎ合い
分子となっているのか?
それを理解し暮らしに役立てようとするのが有機化学なのです
がくがく

Column

分子　化合物　単体　同素体

“分子”に似た意味をもつ術語がいくつかあります。分子、化合物、同素体、単体、あるいは有機化合物と有機物。これらの術語には、なにか違いがあるのでしょうか？　ここでチョット整理しておきましょう。

下図を見れば一目瞭然のことです。原子が結合したものはすべてが分子と呼ばれます。そのうち、2種類以上の原子を含むものを特に化合物と呼ぶことがあります。水（H_2O、水素と酸素）やメタン（CH_4、炭素と水素）は化合物です。

それに対して、ただ1種類の原子だけからできた分子を特に単体と呼ぶことがあります。水素分子（H_2）や酸素分子（O_2）は単体になります。炭素の単体は何種類もあります。ダイヤモンド、グラファイト、C_{60}フラーレン、カーボンナノファイバーなどです。そしてこの炭素の例のように、同じ原子からできた単体を互いに同素体というのです。

したがって、“単体”は特定の“分子そのもの”を指す術語ですが、“同素体”は単体同士の“関係”を表す術語ということができます。なお“有機化合物”と“有機物”は同じ意味で使われることが多いですが、有機物は単一の分子ではなく、複数種類の有機分子の集合体を指すこともあるようです。

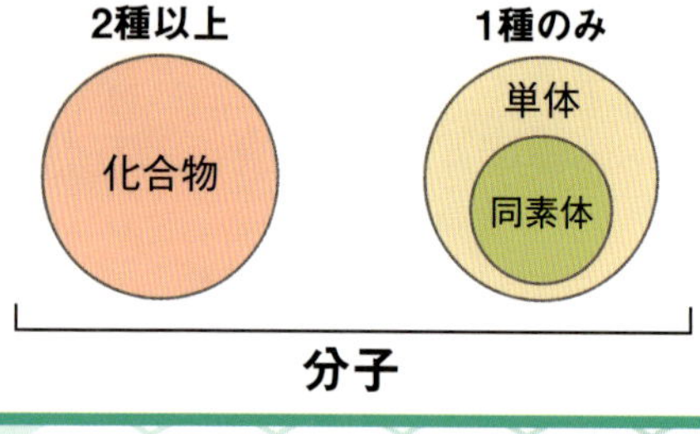

2
CHAPTER

有機物の結合と構造

有機物はおもに炭素と水素からできた化合物ですが、そのほかに酸素や窒素などを含みます。有機物はこれらの原子が共有結合で結合した構造体です。そのため、有機物の性質や反応性を明らかにするには、結合と構造を明らかにする必要があります。

CHAPTER 2 SECTION 1

炭素ってどんなふうに結合するの？

① 炭素の結合状態

炭素には4本の結合手があり、それらは互いに一定の角度をもって、原子核から突きだしています。その方向は、海岸にある波消しブロックのテトラポッドと同じです。

すなわち、4本の結合手は互いに109.5度の角度になっています。したがって4本の結合手の指先を結ぶと、正四面体となります。この角度が有機化合物の形を決定することになります。

② 有機物の種類と結合

有機物をつくる原子の種類は多くの場合、炭素C、水素H、酸素O、窒素Nなどであり、決して多くはありません。有機物の基本である炭化水素などは、CとHの2種類の原子だけでできています。にもかかわらず、有機物の種類は無限といってよいほどたくさんあります。その理由はいくつかありますが、1つは炭素原子同士がいくつでも結合できるということです。そのため、どのように長い炭素鎖をもつくることができるのです。ポリエチレンなどでは、1万個以上もの炭素が連続するものがあります。そしてまた、炭素のつくる結合に単結合や二重結合など多くの種類があることも、無限である理由の1つです。

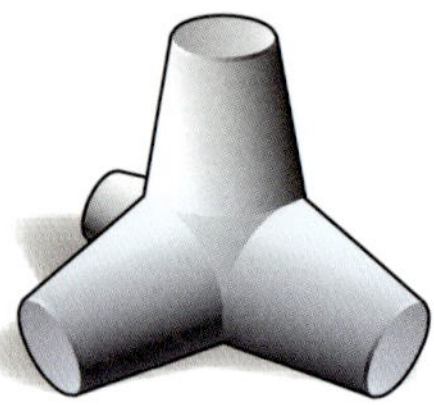

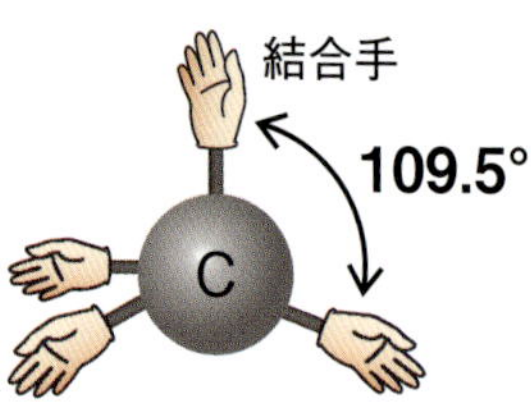

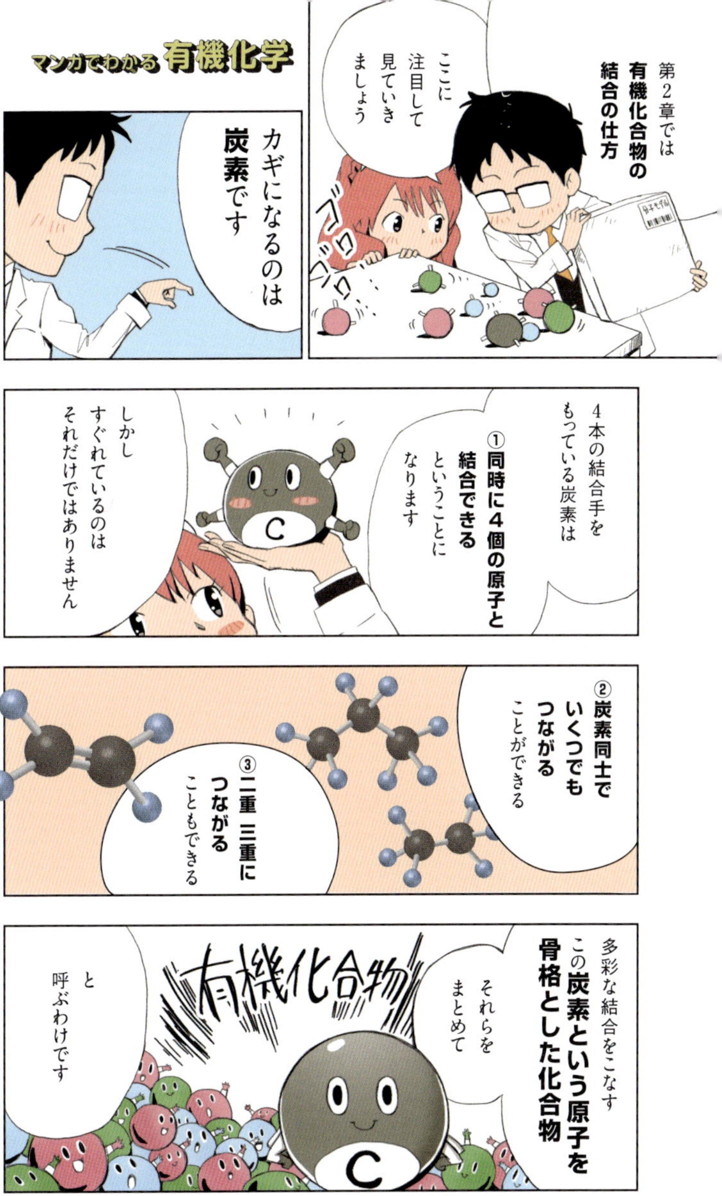
第2章では有機化合物の結合の仕方
ここに注目して見ていきましょう
ゴロゴロ
カギになるのは炭素です
4本の結合手をもっている炭素は
①同時に4個の原子と結合できるということになります
しかしすぐれているのはそれだけではありません
②炭素同士でいくつでもつながることができる
③二重 三重につながることもできる
多彩な結合をこなすこの炭素という原子を骨格とした化合物
それらをまとめて
有機化合物
と呼ぶわけです
C

2 CHAPTER 2 SECTION メタンはテトラポッド形

① メタンの構造

メタンCH_4はもっとも小さい有機物であり、すべての有機物の基礎となる分子です。炭素の4本の結合手はテトラポッド型に突きだしていますが、それぞれが水素と結合します。したがって、メタン分子の形はテトラポッド型、あるいは正四面体型ということになります。

メタンは天然ガスの主成分であり、家庭で使う都市ガスの主成分です。

② エタンの構造

エタンC_2H_6の2個の炭素原子は、互いに1本ずつの結合手を使って、単結合をつくります。各炭素は、残った3本ずつの結合手を使って、3個ずつの水素と結合します。

下図にはメタン、エタンの3D図を示しました。この図は平行法で描いてあります。遠くを見る目つきで紙面を見てください。

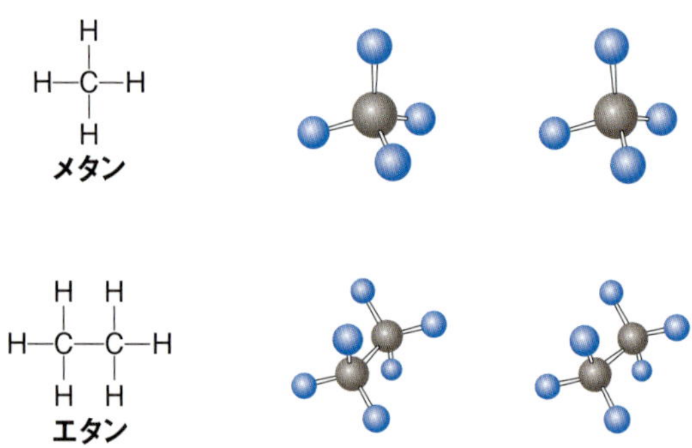

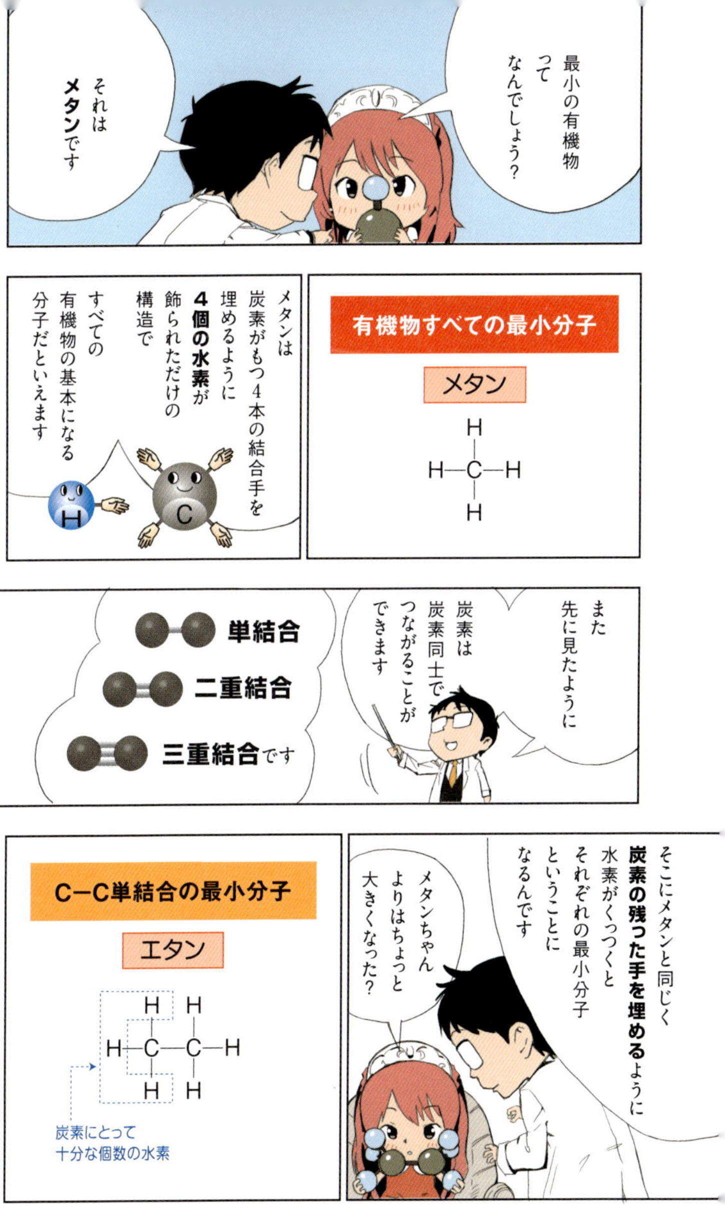
最小の有機物ってなんでしょう?
それは**メタン**です
有機物すべての最小分子
メタン
H H—C—H H
メタンは炭素がもつ4本の結合手を埋めるように**4個の水素**が飾られただけの構造で
すべての有機物の基本になる分子だといえます
H
C
また先に見たように
炭素は炭素同士でつながることができます
単結合
二重結合
三重結合です
そこにメタンと同じく**炭素の残った手を埋める**ように水素がくっつくとそれぞれの最小分子ということになるんです
メタンちゃんよりはちょっと大きくなった?
C—C単結合の最小分子
エタン
炭素にとって十分な個数の水素

エチレンは平面形の分子

① エチレンの構造

エチレンC_2H_4は、C＝C二重結合を含む分子のなかで、もっとも小さなものです。その意味でメタンと同じように有機物の基本となる化合物です。2個の炭素は、それぞれ4本の結合手のうち2本ずつを使って結合します。このような結合を**二重結合**といいます。

各炭素は残った2本ずつの結合手で4個の水素と結合します。この結果、エチレンは6個の原子すべてが同一平面上に並んだ平面型の分子になります。各原子間の角度はほぼ120度です。

② アセチレンの構造

アセチレンC_2H_2は三重結合を含みます。2個の炭素原子はおのおの3本ずつの結合手で三重に結合します。そして残った1本ずつの結合手で水素と結合します。

したがって、アセチレンはH—C—C—Hの4原子が直線形に並んだ分子です。三重結合ではいつでも4原子が直線に並ぶことになります。そのため、小さな環状化合物に組み込むとひずみが大きくなって、分子が不安定になってしまいます。

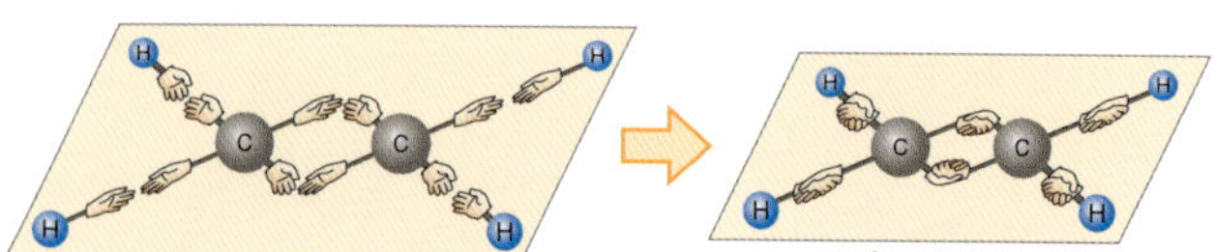

エチレン $H_2C{=}CH_2$

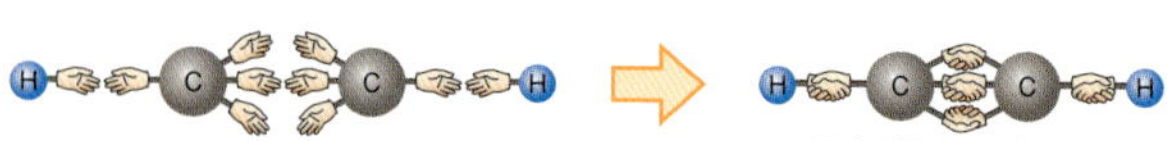

アセチレン $HC{\equiv}CH$

C=C二重結合の最小分子
エチレン
炭素にとって十分な個数の水素
C≡C三重結合の最小分子
アセチレン
炭素にとって十分な個数の水素
前節の単結合と同じく二重結合、三重結合でつながった炭素に十分な個数の水素がついたものが
それぞれの最小分子となります
炭素……くん
炭素くんと炭素くんがつながって……
残りはぜんぶ水素ちゃん……
むへへへへ
?

2 CHAPTER 4 SECTION

構造式ってどう書くの?

① 構造式の示すもの

分子の三次元的な構造を表した式を**構造式**といいます。水の分子式はH_2Oですが、これだけでは構造はわかりません。H—H—Oかもしれないし、H—O—Hかもしれません。それをはっきりさせるためには、原子の結合順序を示す必要があります。原子の結合順序を明らかにする図と式を構造式というのです。

② 正確な構造式

下図はメタンの構造式です。メタンは三次元空間に広がった化合物です。それを二次元上に表現するためには工夫が必要で、その工夫の1つが各結合を立体的に区別することです。

つまり、炭素と水素の結合を表す線に3種類の線を用いるのです。実線と点線と楔型(くさび)の線です。実線の結合は紙面の上にあります。点線は紙面の奥へ遠ざかっていきます。そして楔型の線は紙面からこちらへ飛びだしてきます。

この表現はわかりやすいですが、複雑な分子の構造を表そうとしたら、大変なことになります。

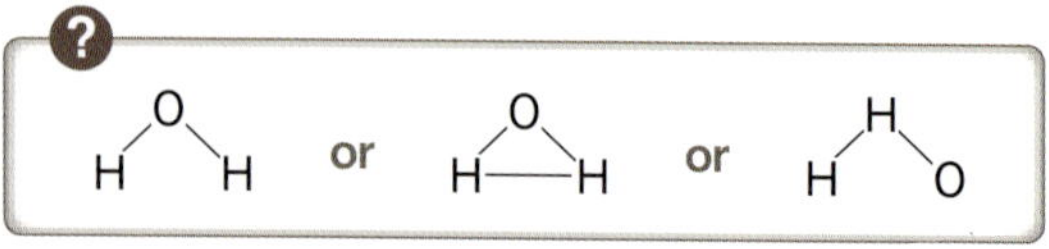

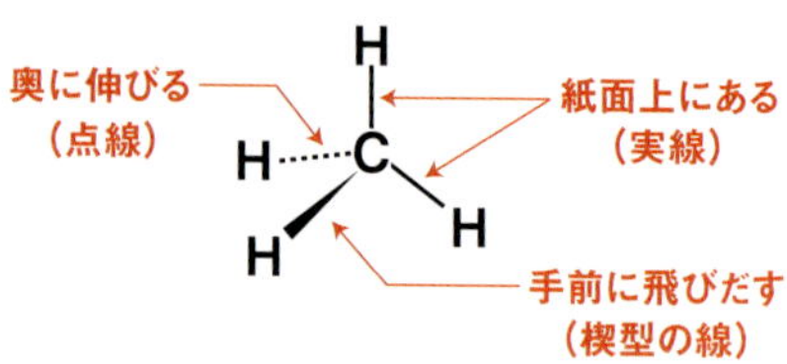

では姫 分子の構造を表記する方法についてお話します
ふぇ～い
たとえばメタンは炭素を中心にしてテトラポッド型に結合している構造です
CH_4
しかしそれを分子式によって伝えることはできません
メタンの構造をもっとも忠実に表記したものが左ページの様式です
え？ 左ページ？
よもやこんな世界があったとは
そしてもっとも簡略化した構造式になるとおもな炭素や水素を表記する必要がありません
簡略化
$H_3C-CH_2-CH_3$
さらに簡略化
ここには炭素がありその炭素には十分な個数の水素がついているものとする
構造式の簡略化にはいくつか段階があるので次節でまとめて紹介いたします
では読者のみなさんとは6節でお会いいたします
え？ 読者？
ギョ
よもやそんなお方がおられたとは

簡単にしてだいじょうぶ?

① ていねいな構造式

構造式にはイロイロな表現法があります。おもなものを**右表**にまとめました。**カラム1**はていねいに表した構造式です。炭素も水素も結合を表す直線とともに書いてあります。二重結合は二重線で、三重結合は三重線で表してあります。

ベンゼンC_6H_6は環状化合物であり、ここでは6個の炭素が連なって、1つおきに単結合と二重結合で連結することとします。各炭素には1個ずつの水素が結合します。

② 簡略化した構造式

カラム1の構造式はていねいに書いてあるので構造がよくわかりますが、複雑な構造の分子になると、元素記号が重なって、書くのも見るのも大変になります。なんとかもっと見やすくすることはできないでしょうか？　そこで考えだされたのが**カラム2**の構造式です。すなわち、原子団H—C—HをCH_2と書いて表すのです。

③ 折れ線による構造式

カラム3はもっとも簡略化した構造式であり、実際にもっとも多く用いられているものです。この式には元素記号がありません。その代わりに約束があります。

①直線の初めと終わり、および屈曲部にはCが存在する
②各Cには十分な個数のHが結合している

この約束によって、カラム3の構造式とカラム1の構造式は、1:1に対応することができます。すなわち、カラム3の折れ線構造は、分子の構造を正確に表現しているのです。

構造	分子式	構造式		
		カラム1	カラム2	カラム3
アルカン	CH_4	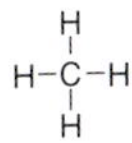	CH_4	
	C_2H_6	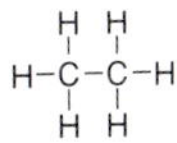	H_3C-CH_3	
	C_3H_8	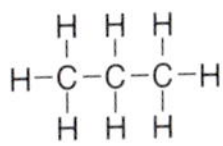	$H_3C-CH_2-CH_3$	
	C_4H_{10}	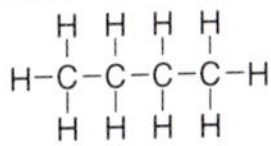	$H_3C-CH_2-CH_2-CH_3$	
		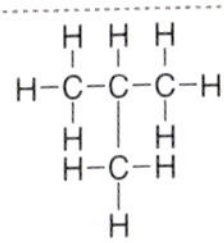	$H_3C-CH(CH_3)-CH_3$	
シクロアルカン	C_3H_6	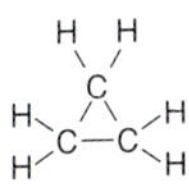	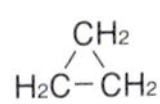	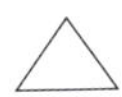
アルケン	C_2H_4	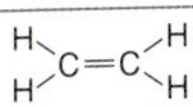	$H_2C=CH_2$	
	C_3H_6	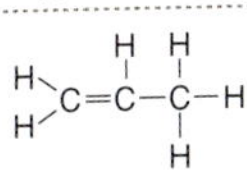	$H_2C=CH-CH_3$	
アルキン	C_2H_2	$H-C\equiv C-H$	$HC\equiv CH$	
共役化合物	C_4H_6	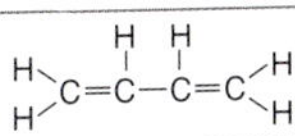	$H_2C=CH-CH=CH_2$	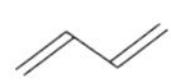
	C_6H_6	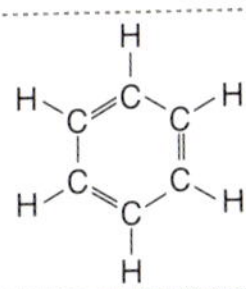	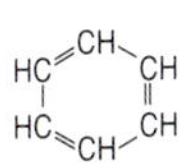	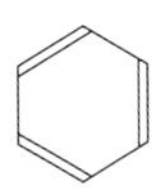

炭化水素には どんなものがあるの？

① 鎖状炭化水素

炭素と水素だけからなる化合物を**炭化水素**といいます。炭化水素は、有機化合物の骨格をつくるものです。炭化水素のうち、炭素のつくる構造が直線状のものを**鎖状炭化水素**といいます。

単結合だけでできた炭化水素を**アルカン**といいます。また、単結合を**飽和結合**、単結合だけでできた化合物を**飽和化合物**といいます。アルカンは飽和炭化水素です。

二重結合、三重結合をそれぞれ1個だけ含む炭化水素を、それぞれ**アルケン**、**アルキン**といいます。また、二重結合、三重結合を**不飽和結合**、それを含む化合物を**不飽和化合物**といいます。

② 環状炭化水素

炭素が環状に結合した炭化水素を**環状炭化水素**といいます。アルカン、アルケン、アルキンの環状体をそれぞれ**シクロアルカン**、**シクロアルケン**、**シクロアルキン**といいます。“シクロ”は環状を表す接頭語です。

種類	分子式	例		
アルカン	C_nH_{2n+2}	CH_4	CH_3-CH_3	$CH_3-(CH_2)_n-CH_3$
アルケン	C_nH_{2n}		$H_2C=CH_2$	$CH_3-CH=CH_2$
アルキン	C_nH_{2n-2}		$HC\equiv CH$	$CH_3-C\equiv CH$

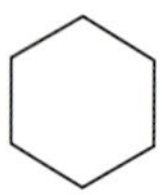

シクロヘキサン
(シクロアルカン)

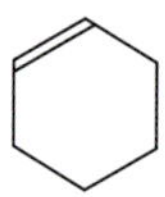

シクロヘキセン
(シクロアルケン)

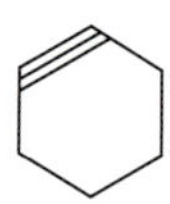

シクロヘキシン (実在しない)
(シクロアルキン)

基本的な炭化水素は結合の仕方によって**アルカン、アルケン、アルキン、**の3つに分類されます

炭化水素とは

炭素と水素でできた化合物

第1章7節の結合の表とあわせて整理してみましょう

アルカン・アルケン・アルキン

			炭化水素の名称	
共有結合	飽和結合	単結合	アルカン	
	不飽和結合	二重結合	1個	アルケン
			⋮	⋮
		三重結合	1個	アルキン
			⋮	⋮
		共役二重結合	共役二重結合（芳香族化合物含む）	

（アルカン・アルケン・アルキン）基本的な炭化水素

つまり単結合しかもたないメタンは最小のアルカンで二重結合をもつエチレンは最小のアルケンだったということです

ちなみに化合物を命名するルールを知っているとなにかと便利ですよ

炭素数を示す数詞（ラテン語）	
1	モノ
2	ジ（ビ）
3	トリ
4	テトラ
5	ペンタ
6	ヘキサ
7	ヘプタ
8	オクタ
9	ノナ
10	デカ
たくさん	ポリ

アルカンなら語尾が「～アン」 → （例）ペンタン C_5H_{12}　炭素を5個もつアルカン

アルケンなら語尾が「～エン」 → （例）ヘキセン C_6H_{12}　炭素を6個もつアルケン

アルキンなら語尾が「～イン」 → （例）ペンチン C_5H_8　炭素を5個もつアルキン／（例）ノニン C_9H_{16}　炭素を9個もつアルキン

※メタンやプロパンといった慣用的に使われている化合物も多くありそれらはこのルールがあてはまらない

2 CHAPTER 7 SECTION

共役化合物ってなんのこと?

① 共役二重結合

単結合と二重結合が1個おきに並んだ結合を、全体として**共役二重結合**といいます。また、共役二重結合をもつ化合物を、一般に**共役化合物**といいます。

共役二重結合では、二重結合は単結合の性質を帯び、反対に単結合は二重結合の性質を帯びています。すなわち、単結合と二重結合の区別がはっきりしなくなっているのです。そのため共役化合物は、特殊な性質と反応性をもつことになります。

② ベンゼンと芳香族化合物

環状の共役化合物で、環内に1、3、5個など、要するに**(2n＋1)個**(n:0を含む整数)の二重結合をもつものを**芳香族化合物**といいます。ベンゼン(3個)やナフタレン(5個)は、典型的な芳香族です。芳香族化合物は一般に安定で反応性にとぼしいですが、多くの有機化合物に部分構造として含まれています。

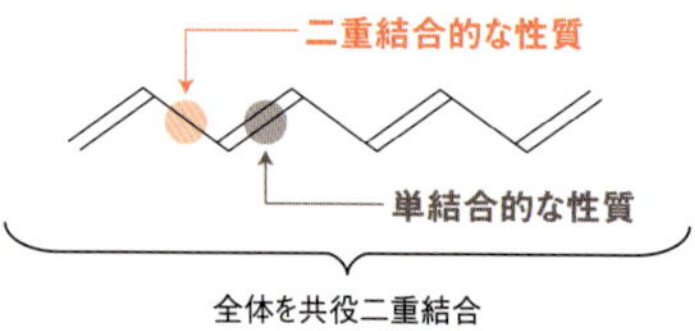

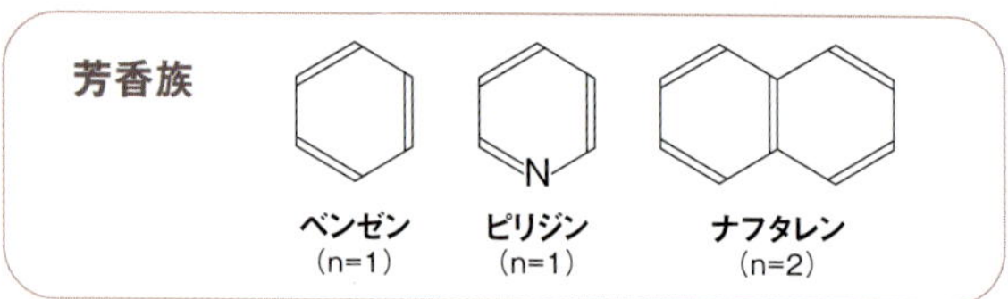

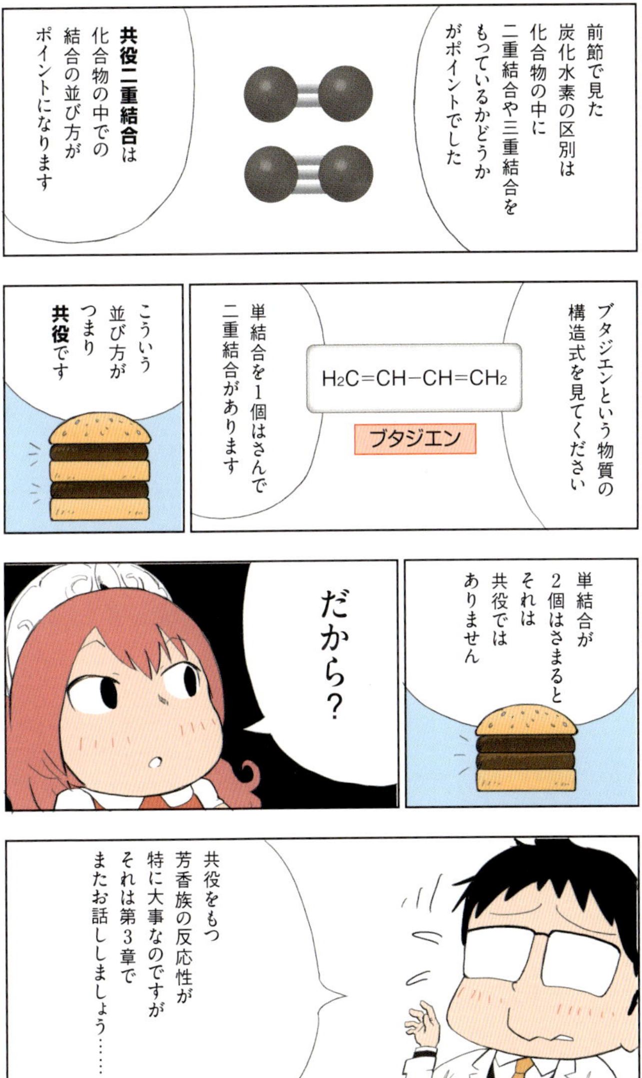
前節で見た炭化水素の区別は化合物の中に二重結合や三重結合をもっているかどうかがポイントでした
共役二重結合は化合物の中での結合の並び方がポイントになります
ブタジエンという物質の構造式を見てください
H2C=CH−CH=CH2
ブタジエン
単結合を1個はさんで二重結合があります
こういう並び方がつまり**共役**です
単結合が2個はさまるとそれは共役ではありません
だから？
共役をもつ芳香族の反応性が特に大事なのですがそれは第3章でまたお話ししましょう……

異性体は互いに異なる分子です

① シス・トランスにもとづく異性

分子式が同じで構造式が異なるものを互いに**異性体**といいます。異性体は、互いに性質も反応性も異なる、まったく異なった分子です。

エチレンC_2H_4の2個の炭素にそれぞれメチル基CH_3をつけてみましょう。2つのメチル基が二重結合の同じ側にあるものを**シス体**、反対側にあるものを**トランス体**といいます。これらは互いに分子式が同じで構造式が異なるので、異性体です。シス・トランスにもとづく異性の性質を**シス・トランス異性**といいます。

② 位置にもとづく異性

置換基や二重結合などの位置の違いにもとづく異性があります。2—メチルヘキサンと3—メチルヘキサンの分子式はともにC_7H_{16}ですが、メチル基の位置と構造式がそれぞれ異なるので、互いに異性体です。1—ヘキセンと2—ヘキセン、3—ヘキセンはそれぞれ二重結合の位置が異なる異性体です。

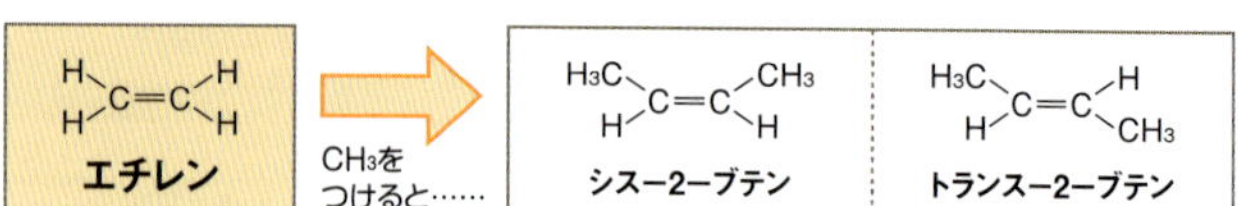

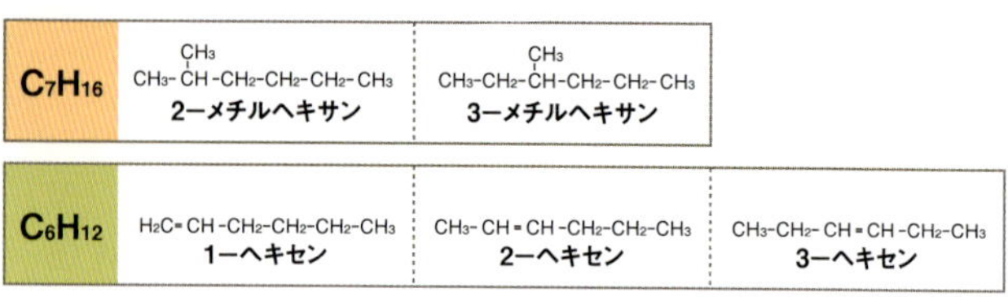

C7H16
2−メチルヘキサン
3−メチルヘキサン
C6H12
1−ヘキセン
2−ヘキセン
3−ヘキセン

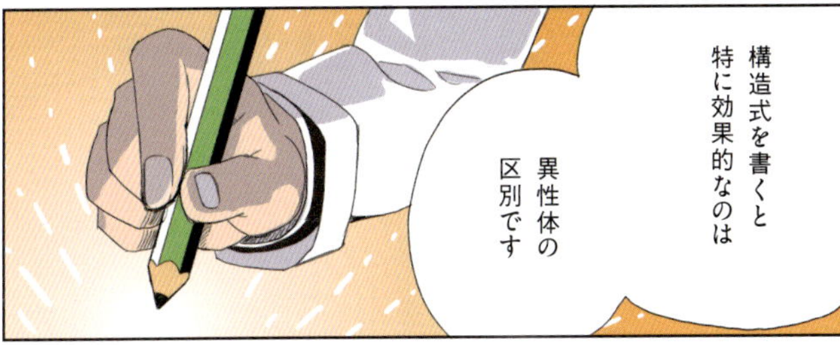
構造式を書くと
特に効果的なのは
異性体の
区別です

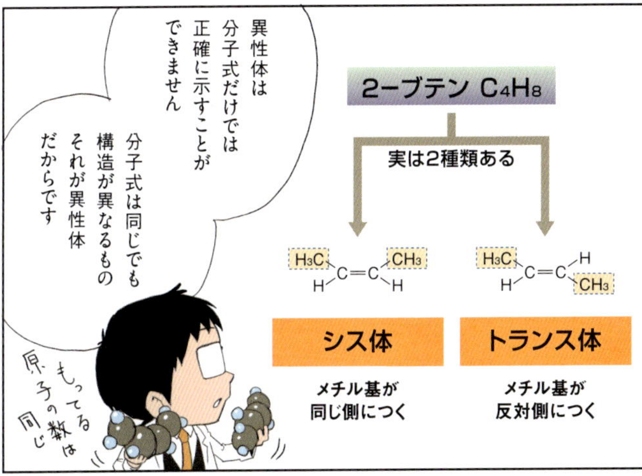
異性体は
分子式だけでは
正確に示すことが
できません
分子式は同じでも
構造が異なるもの
それが異性体
だからです
2ーブテン C4H8
実は2種類ある
H3C C=C CH3 H H
H3C C=C H H CH3
シス体
メチル基が
同じ側につく
トランス体
メチル基が
反対側につく
原子の数は
同じ
もってる

異性体ができる理由は
たくさんありますので
次節へも
続きますね
異性体
シス・トランス異性
置換基や二重・三重結合
の位置の違い
鎖状と環状
官能基の種類や位置の違い
回転異性
光学異性
……

異性体はイロイロあります

① 鎖状と環状にもとづく異性

有機化合物の種類は膨大であり、調べるのが無意味なほどです。有機化合物の種類が数多くあるのは、異性体が存在するからです。アルカンの異性体の個数を**右表**に示しました。炭素数の増加とともに、幾何級数的に増加していることがわかります。

下図に示した分子は、すべて分子式C_4H_8の異性体です。炭素4個の飽和化合物（アルカン）の異性体は2個ですが、水素が2個足りない不飽和化合物になると、とたんに5個に増えます。❶～❸は鎖状であり、❹と❺は環状化合物です。❶と❷、❸は二重結合の位置の違いであり、❷と❸はシス・トランス異性です。

② 官能基にもとづく異性

官能基（3-1参照）によっても異性体が現れます。❶と❷はともにC_2H_6Oですが、❶はアルコール（エタノール）であり、❷はエーテル（ジメチルエーテル）です。また、❸はケトン（アセトン）であり、❹はアルデヒド（プロパナール）で、構造は違いますが分子式は等しいので、互いに異性体です。❸と❹はカルボニル基の位置の違いにもとづく異性と考えることもできます。

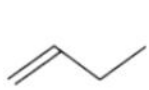
❶
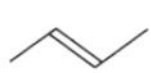
❷

❸
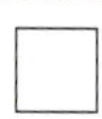
❹
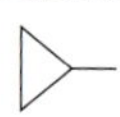
❺

CH_3-CH_2-OH
❶エタノール

CH_3-O-CH_3
❷ジメチルエーテル

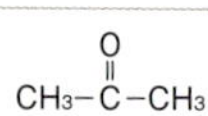
❸アセトン

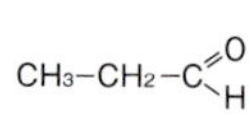
❹プロパナール

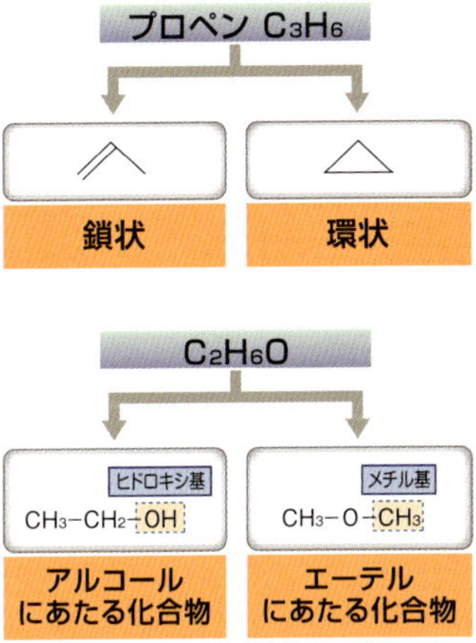

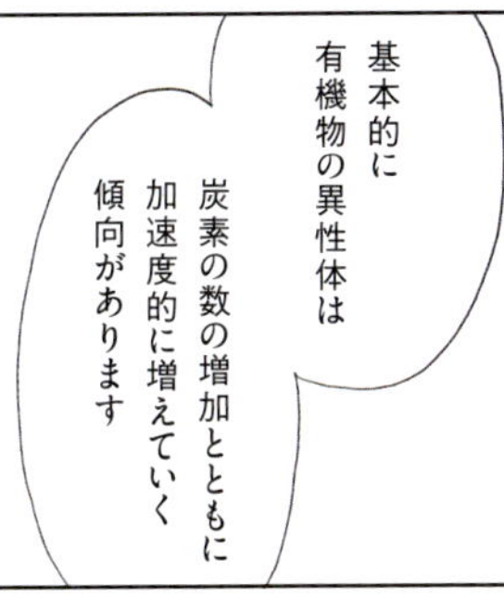

分子式	異性体の個数
C_4H_{10}	2
C_5H_{12}	3
$C_{10}H_{22}$	75
$C_{15}H_{32}$	4,347
$C_{20}H_{42}$	366,319

だからまだまだ新たな異性体が見つかるかも……
んー？
カキカキカカキ

ヒドロキシ基とかメチル基ってなんだっけ？

それは……言えません
えー？
第3章で説明したいからです……

回転異性——回転するともとに戻ります

① 回転にもとづく異性

図Ⓐ、Ⓑは、**エタン**C_2H_6の構造を立体的に書いたものです。Ⓐでは2個の炭素についた水素原子が互いに重なっているので、**重なり型**といいます。一方、Ⓑではねじれているので**ねじれ型**といいます。これらも構造式が異なるので異性体であり、**回転異性**あるいは**配座異性**といいます。

② 立体反発

回転異性体の立体関係は、ニューマン投影図を用いるとよくわかります。この図は、C—C結合の延長線上から分子を見た場合の、両方の炭素についた水素の重なりぐあいを表したものです。重なり型では水素同士が近づくので立体反発のため、不安定となります。**下のグラフ**は、水素間の角度によってエネルギーが変化する様子を表しています。

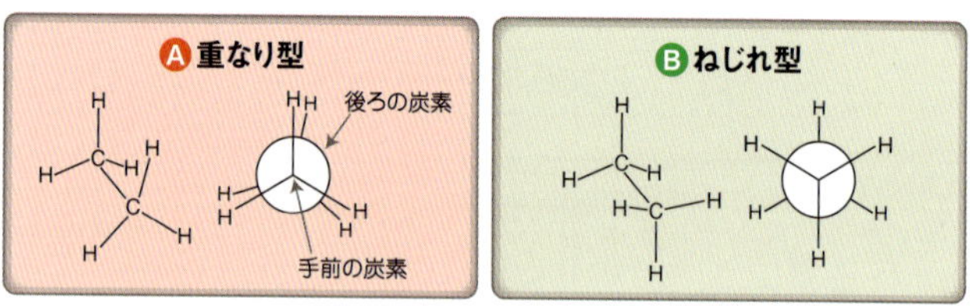

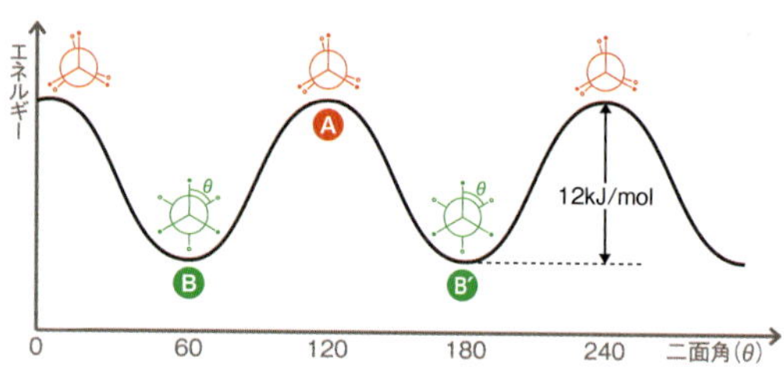

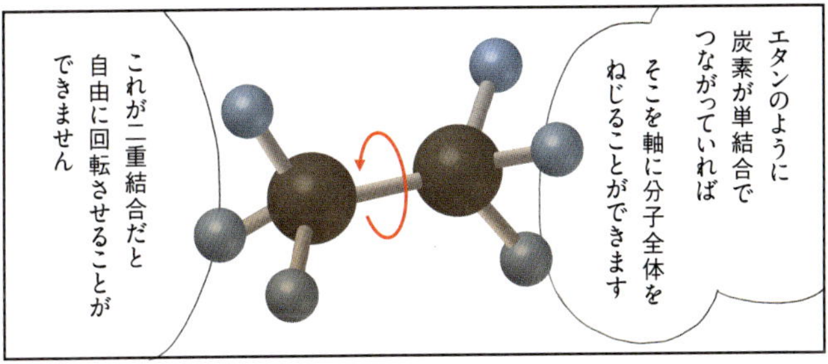
エタンのように炭素が単結合でつながっていれば
そこを軸に分子全体をねじることができます
これが二重結合だと自由に回転させることができません

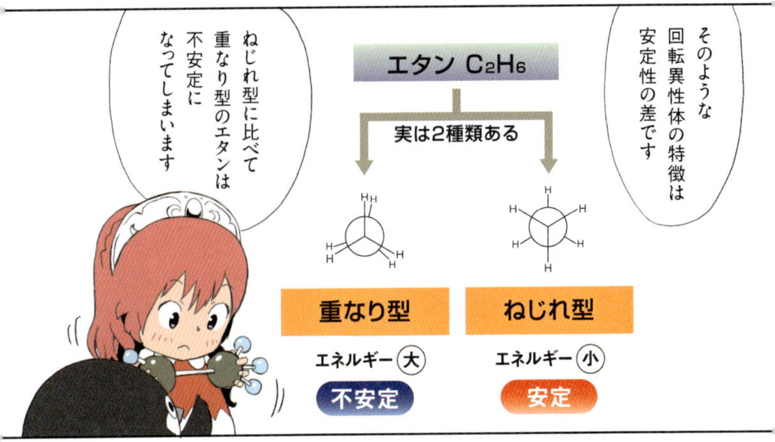
そのような回転異性体の特徴は安定性の差です
エタン C_2H_6
実は2種類ある
重なり型
エネルギー 大
不安定
ねじれ型
エネルギー 小
安定
ねじれ型に比べて重なり型のエタンは不安定になってしまいます

安定性の差は炭素についた水素同士の位置関係によるものですが
実際のところごくわずかな差なのでこれら回転異性体を化学的に分離することは困難です

CHAPTER 2 SECTION 11

光学異性——鏡に映ると重なります

① 不斉炭素

分子Ⓐ、Ⓑはともに、炭素に互いに異なる置換基R、H、NH_2（アミノ基）、COOH（カルボキシル基）をつけたもので、アミノ酸といわれるものです。この2個の分子はどのように回転しても、互いに重ね合わせることはできません。そのため、ⒶとⒷは互いに異なる化合物であり、異性体ということになります。

このように、互いに異なる4個の原子あるいは置換基のついた炭素を**不斉炭素**（ふせい）といい、不斉炭素にはかならずといっていいほど、このような異性現象が現れます。

② 光学対掌体にもとづく異性

分子ⒶとⒷの関係は、右手と左手の関係になぞらえることができます。右手と左手は互いに異なる手ですが、右手を鏡に写すと左手と同じになります。このような関係を互いに**光学対掌体**であるといい、光学対掌体にもとづく異性を**光学異性**といいます。

光学異性体の化学的性質は、互いにまったく同じです。しかし、光学的な性質と生理的な性質は、互いにまったく異なります。光学異性現象は天然物に多く存在します。

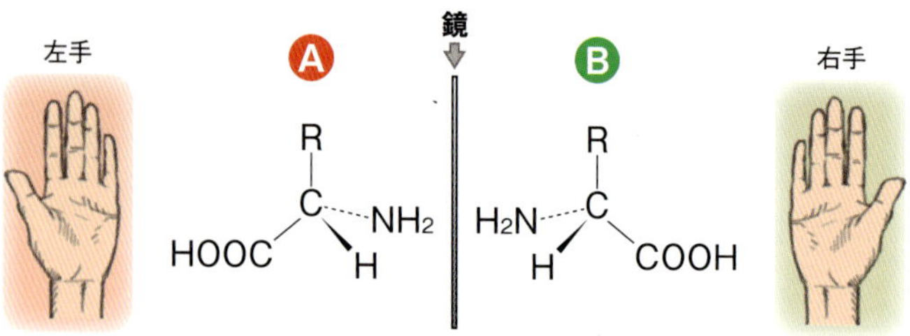

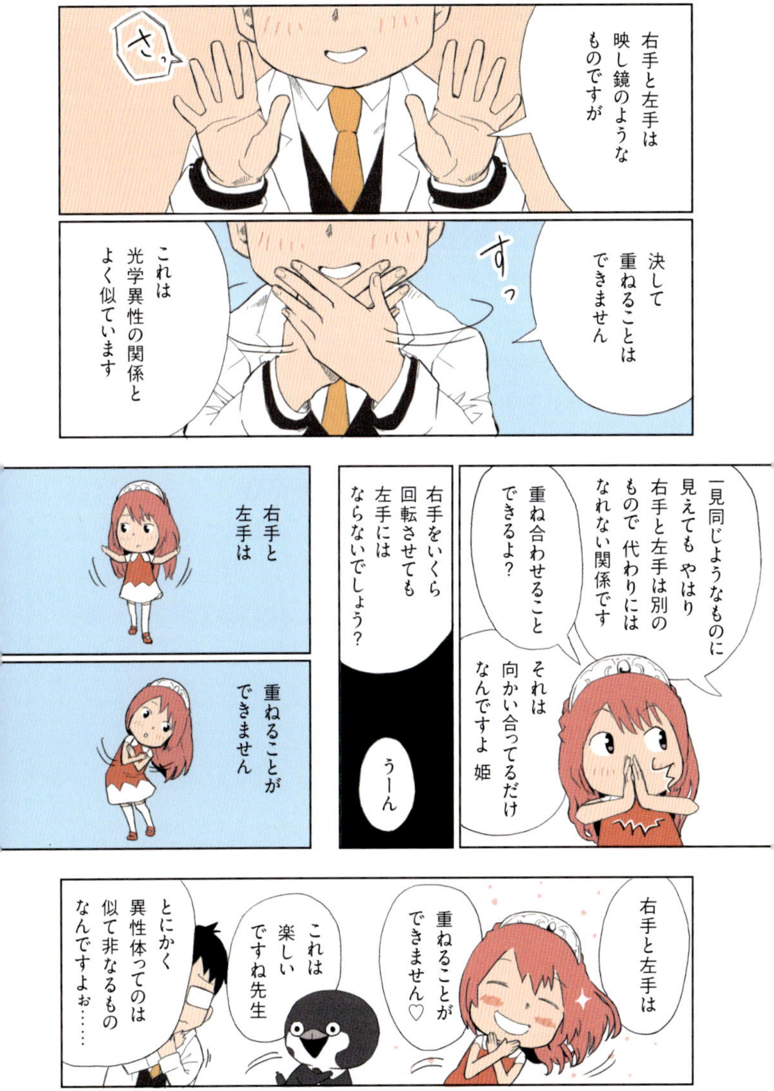
右手と左手は映し鏡のようなものですが
さっ
決して重ねることはできません
すっ
これは光学異性の関係とよく似ています
一見同じようなものに見えても やはり右手と左手は別のもので 代わりにはなれない関係です
重ね合わせることできるよ?
それは向かい合ってるだけなんですよ 姫
右手をいくら回転させても左手にはならないでしょう?
うーん
右手と左手は
重ねることができません
右手と左手は
重ねることができません♡
これは楽しいですね先生
とにかく異性体ってのは似て非なるものなんですよぉ……

Column
1/2の世界

光学異性体は、右手に相当するものと、左手に相当するもののワンセット（D型とL型）からできています。ところが自然界では、タンパク質をつくるアミノ酸のように、このセットのうちの“片方”しか存在しないことが多いのです。チョーふしぎな現象です。しかし、その理由は誰も知りません。

たとえば地球の初期には、DL両方のアミノ酸があったのだ、としましょう。しかし、宇宙線にパリティー（右回りと左回りの自転のようなものを考えてください）があり、どちらかが“強い”ので、それと反応しやすいD型が壊れてしまったのだとしましょう。それでは、右回り、左回りという、どう見ても等エネルギーとしか思えない状態のどちらかが“強くなる理由”はなにか？　という新しい問題が生じます。これは堂々めぐりです。

また原子核がプラスで、電子がマイナスの理由も誰にもわかりません。反対でも少しも困りません。現に原子炉では、原子核がマイナスで電子がプラスの反水素ができています。しかし、反水素はふつうの水素に衝突すると消滅して光になります。

どこかに反宇宙があるのだと考えると、SF小説が書けることになります。

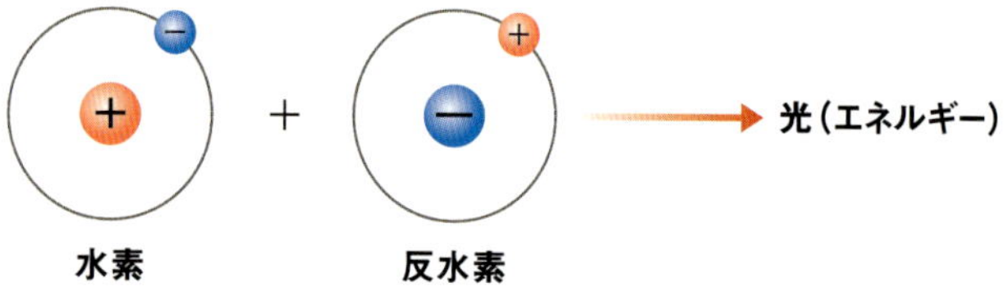

3
CHAPTER

有機物の種類と性質

有機物の種類は無数です。しかし、いくつかの大きな種類に分けることができます。その際に重要な働きをするのが官能基です。同じ官能基をもつ有機物は似た性質を示します。有機化学を理解するには、官能基の性質を理解するのが早道です。

官能基ってなんのこと?

① 置換基

有機化合物の種類は、無数といってよいほど多様です。しかし、そのような有機化合物も性質の似たもの同士をまとめると、何種類かのグループに分類することができます。その場合に、重要な役割を演じるのが**置換基**です。

有機分子を本体部分とそれに付随した部分に分けたとき、付随部分を置換基といいます。付随部分といいましたが、ばかにしてはいけません。人間の体も本体と頭部に分けて考えることができます。このように、置換基は分子にとって頭部になることもあるのです。

② アルキル基

置換基のうち、炭素、水素が単結合で結合したもの、すなわちアルカンから誘導されたものを**アルキル基**といいます。メチル基CH_3やエチル基CH_2CH_3はその例です。アルキル基は記号Rで表されることもあります。

③ 官能基

アルキル基以外の置換基を、一般に**官能基**といいます。おもな官能基の構造と名前、その官能基を含む化合物の一般名、その具体的な例を**右表**に示しました。

官能基はビニル基$CH=CH_2$やフェニル基C_6H_5のように、二重結合を含む炭化水素もありますが、多くはC、H以外の元素を含んでいます。官能基は分子の性質や反応性を決定するという意味で、まさしく分子の顔のような存在です。

置換基
- **アルキル基**　記号 R
  アルカン(C_nH_{2n+2})から水素1個を除いたもの

名称	アルキル基
メチル基	$-CH_3$
エチル基	$-CH_2CH_3$
⋮	⋮

- **官能基**
  アルキル基以外の置換基

名称	化合物の一般名	官能基	一般式	化合物の例
フェニル基	芳香族	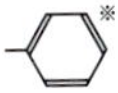※	R−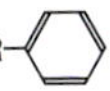	CH_3-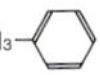　トルエン
ビニル基	ビニル化合物	$-CH=CH_2$	$R-CH=CH_2$	$CH_3-CH=CH_2$　プロピレン
ヒドロキシ基	アルコール	$-OH$	$R-OH$	CH_3-OH　メタノール $-OH$　フェノール
カルボニル基	ケトン	$>C=O$	$R(R')>C=O$	$(CH_3)(CH_3)>C=O$　アセトン $C=O$　ベンゾフェノン
ホルミル基	アルデヒド	$-C(=O)-H$	$R-C(=O)-H$	$CH_3-C(=O)-H$　アセトアルデヒド $-C(=O)-H$　ベンズアルデヒド
カルボキシル基	カルボン酸	$-C(=O)-OH$	$R-C(=O)-OH$	$CH_3-C(=O)-OH$　酢酸 $-C(=O)-OH$　安息香酸
アミノ基	アミン	$-NH_2$	$R-NH_2$	CH_3-NH_2　メチルアミン 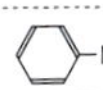$-NH_2$　アニリン
ニトロ基	ニトロ化合物	$-NO_2$	$R-NO_2$	CH_3-NO_2　ニトロメタン 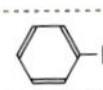$-NO_2$　ニトロベンゼン
ニトリル基(シアノ基)	ニトリル化合物	$-CN$	$R-CN$	CH_3-CN　アセトニトリル $-CN$　ベンゾニトリル

※フェニル基は $-C_6H_5$ で表わされることも多い。この場合トルエンは $CH_3-C_6H_5$ となる

CHAPTER 3 SECTION 2

アルコールの種類と性質

① アルコール

メタノールやエタノールのように、アルキル基にヒドロキシ基OHの結合した化合物を、一般に**アルコール**といいます。

ヒドロキシ基のついた炭素にアルキル基が1つついているアルコールを第一級アルコール、2つ、3つついているものをそれぞれ第二級、第三級アルコールといいます。

メタノール、**エタノール**は代表的なアルコールです。エタノールは酒類の成分であり、一般にアルコールというとエタノールを指すことが多いです。アルコールは中性であり、アルカリ金属と反応して金属塩（アルコキシド）と水素ガスを与えます。

② フェノール

ベンゼンにヒドロキシ基のついたものを**フェノール**といいます。フェノールはアルコールと違い、酸性です。そのため日本名で石炭酸ともいい、殺菌作用があるので、消毒剤として用いられます。フェノール樹脂はフェノールを原料としたプラスチックです。

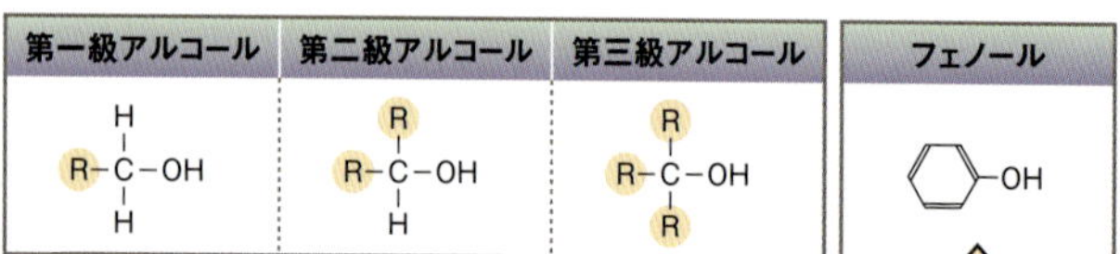

第一級アルコール
第二級アルコール
第三級アルコール
フェノール
OH

例外的に酸性を示すアルコール

代表的なアルコール

メタノール CH_3-OH　　**エタノール** CH_3CH_2-OH

$$R-OH + M \longrightarrow R-OM + \frac{1}{2}H_2$$

R−OH：アルコール　M：アルカリ金属　R−OM：アルコキシド

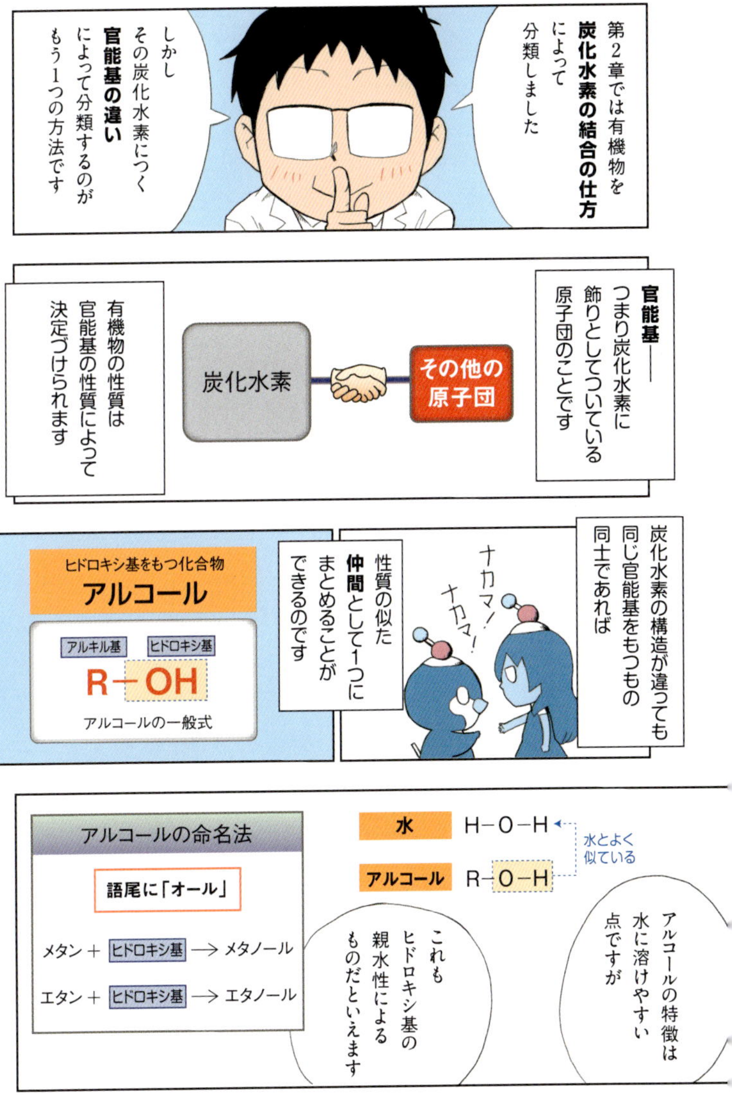
第2章では有機物を**炭化水素の結合の仕方**によって分類しました
しかしその炭化水素につく**官能基の違い**によって分類するのがもう1つの方法です
官能基——つまり炭化水素に飾りとしてついている原子団のことです
炭化水素
その他の原子団
有機物の性質は官能基の性質によって決定づけられます
炭化水素の構造が違っても同じ官能基をもつもの同士であれば
ナカマ!
ナカマ!
性質の似た**仲間**として1つにまとめることができるのです
ヒドロキシ基をもつ化合物
アルコール
アルキル基
ヒドロキシ基
R—OH
アルコールの一般式
アルコールの特徴は水に溶けやすい点ですが
水 H—O—H
アルコール R—O—H
水とよく似ている
これもヒドロキシ基の親水性によるものだといえます
アルコールの命名法
語尾に「オール」
メタン＋ヒドロキシ基→メタノール
エタン＋ヒドロキシ基→エタノール

エーテルの種類と性質

① 鎖状エーテル

2つのアルキル基が酸素と結合したものを、**エーテル**といいます。2つのアルキル基がともにメチル基のものをジメチルエーテル、エチル基のものをジエチルエーテルといいます。たんにエーテルというと、ジエチルエーテルを指すことがあります。

ジエチルエーテルは有機物を溶かしやすいので、有機反応の溶媒として用いられます。また、昔は麻酔剤として用いられたこともあります。揮発性で引火、爆発性がありますので、取り扱いには注意が必要です。

② 環状エーテル

環状のエーテルを**環状エーテル**といいます。三員環構造の**オキサシクロプロパン**（エポキシエタン）は反応性が高く、各種反応試薬やプラスチック原料、接着剤などとして用いられます。

テトラヒドロフランTHFは有機反応の溶媒として用いられます。有害性で問題になる**ダイオキシン**は2個のベンゼン環が2個の酸素で結合したものであり、環状エーテルの一種です。

メチル基　メチル基
CH_3-O-CH_3
ジメチルエーテル

エチル基　エチル基
$CH_3CH_2-O-CH_2CH_3$
ジエチルエーテル

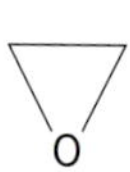

オキサシクロプロパン
（エポキシエタン）

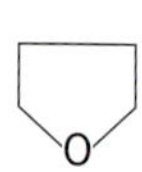

テトラヒドロフラン
（THF）

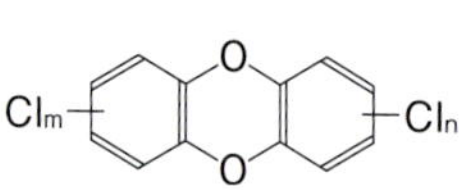

ダイオキシン
$1 \leqq m+n \leqq 8$

アルカンから水素が1個取れたものがアルキル基でしたね
エタン
メタン
誘導
誘導
$-CH_2CH_3$
エチル基
$-CH_3$
メチル基
つまりアルカンが結合手を1本余らせて置換基になったわけです
そして2つのアルキル基が酸素によって結ばれた構造の化合物が
エーテルです
酸素がもつ2本の結合手は
うふふ
どちらも炭素をつかんでいることになります
あはは
命名法も一応見ておきましょう
「ジ」は「2」を表す数詞でございますね
第2章6節によると
エーテルの命名法
アルキル基 ＋「エーテル」
（例）ジメチルエーテル
2つの
メチル基をもった
エーテル
有機化学

CHAPTER 3 SECTION 4

ケトンの種類と性質

① カルボニル化合物

酸素と炭素が二重結合で結ばれたC=O原子団を含む化合物を、一般に**カルボニル化合物**といいます。カルボニル化合物にはカルボニル基C=Oをもつケトン、ホルミル基CHOをもつアルデヒド、カルボキシル基COOHをもつカルボン酸など、重要なものがたくさんあります。

② ケトン

カルボニル基C=Oに2つのアルキル基が結合したものを**ケトン**といい、**アセトン**や**ベンゾフェノン**などがあります。アセトンは有機物を溶かす力が非常に強く、また水と自由に混ざるので、溶剤や工業用洗剤として用いられます。

酸素(電気陰性度3.5)と炭素(2.5)は電気陰性度が異なるため、C=O結合は酸素がマイナスに荷電し、炭素がプラスに荷電した分極構造を取っています。炭素がプラスに帯電していることは、ケトンの大きな特徴です。

ケトンを還元すると第二級アルコールとなり、反対に第二級アルコールを酸化するとケトンになります。

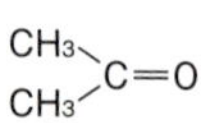

アセトン

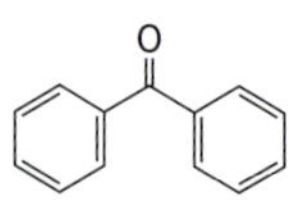

ベンゾフェノン

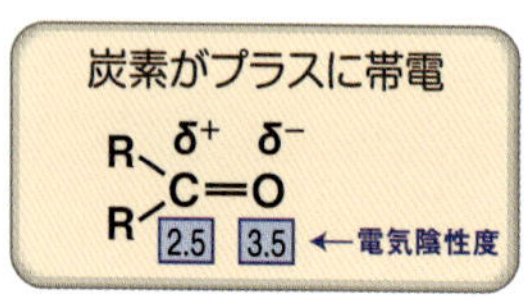

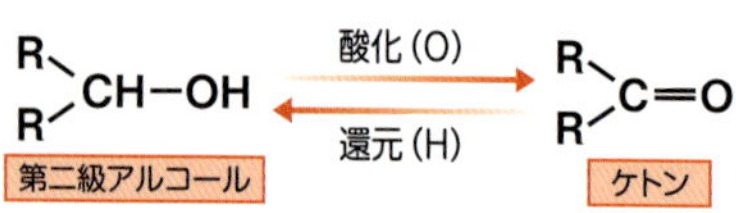

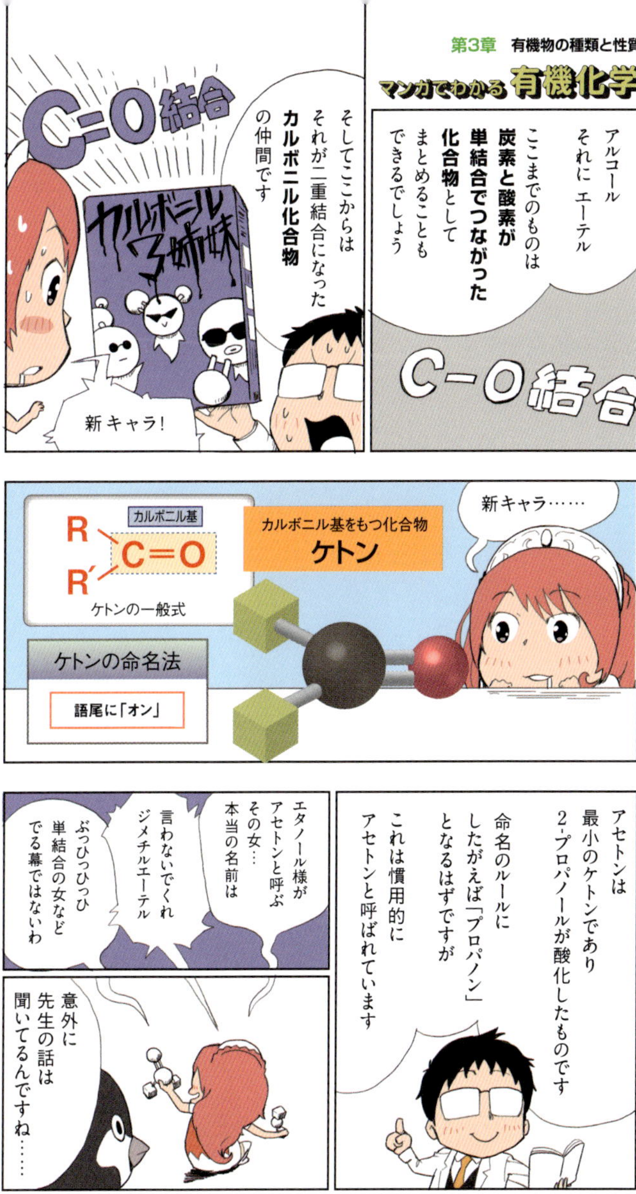
アルコール
それに エーテル
ここまでのものは
炭素と酸素が
単結合でつながった
化合物として
まとめることも
できるでしょう
C−O結合
そしてここからは
それが二重結合になった
カルボニル化合物
の仲間です
C=O結合
カルボニル3姉妹
新キャラ！
カルボニル基
R
R′
C=O
ケトンの一般式
カルボニル基をもつ化合物
ケトン
ケトンの命名法
語尾に「オン」
新キャラ……
アセトンは
最小のケトンであり
2-プロパノールが酸化したものです
命名のルールに
したがえば「プロパノン」
となるはずですが
これは慣用的に
アセトンと呼ばれています
エタノール様が
アセトンと呼ぶ
その女…
本当の名前は
言わないでくれ
ジメチルエーテル
ぶっひっひっひ
単結合の女など
でる幕ではないわ
意外に
先生の話は
聞いてるんですね……

アルデヒドの種類と性質

① アルデヒド

ホルミル基CHOを含む化合物をアルデヒドといいます。アルデヒドの仲間としては、ホルムアルデヒドやアセトアルデヒドなどが典型です。ホルムアルデヒドはもっとも簡単な構造のアルデヒドで、3〜40%の水溶液はホルマリンと呼ばれ、タンパク質を硬化させる作用があります。また、フェノール樹脂などの熱硬化性樹脂（第6章参照）の原料になります。このような樹脂（プラスチック）から漏れだした未反応ホルムアルデヒドが、シックハウス症候群の原因の1つといわれます。

② 反応性

アルデヒドを還元すると、第一級アルコールになります。反対に、第一級アルコールを酸化するとアルデヒドになります。しかし、アルデヒドは酸化されやすいので反応はアルデヒド生成でとどまらず、さらに酸化されてカルボン酸になります。

このように酸化されやすいので、アルデヒドは還元性をもつことになります。アルデヒドの還元性を利用した定性反応に、フェーリング反応や銀鏡反応（第9章参照）があります。

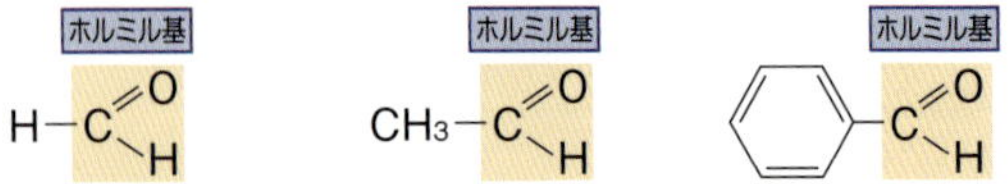

ホルムアルデヒド　アセトアルデヒド　ベンズアルデヒド

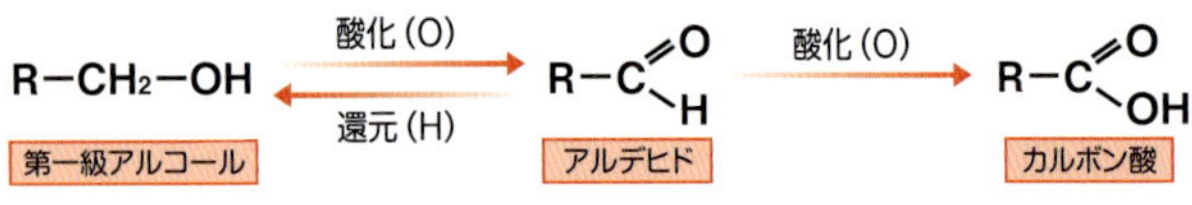

2つ目のカルボニル化合物がこれです
ホルミル基をもつ化合物
アルデヒド
ホルミル基
R—C=O
H
アルデヒドの一般式
新キャラ祭りですね

このホルミル基という置換基をよく見ると前節のカルボニル基と同じ構造が隠れていることがわかります
だからカルボニル基を含む複合基と見ることもできます
カルボニル基
—C=O
H

家族みたいな感じかな？
……

アルデヒドは酸素を受け取りやすい物質でして実はすぐにカルボン酸へと変化してしまうのが特徴です
カルボン酸
次節へ！
この反応性の高さはあとの章でもよくでてくるのでぜひ覚えておいてくださいね

カルボン酸の種類と性質

① カルボン酸

カルボキシル基COOHをもつ化合物を、**カルボン酸**といいます。アリがもつ蟻(ぎ)酸や、酢に含まれる酢酸は、代表的なカルボン酸です。油脂をつくる脂肪酸やタンパク質をつくるアミノ酸もカルボン酸です。ベンゼン環をもった安息香酸は工業的に大切な酸です。

カルボン酸は第一級アルコール、あるいはアルデヒドを酸化すると生成します。

② 酸性——H^+を放出する

カルボン酸は**下の反応式**のように解離します。このように解離してH^+を放出するものを、一般に**酸**といいます。

溶液の酸性度はpHで表します。pHは式1のように対数ですから、数値が1違うと濃度は10倍違い、マイナスがかかっているので、数値が小さいほうが高濃度です。中性はpH=7であり、これより小さいと酸性、大きいと塩基性ということになります。

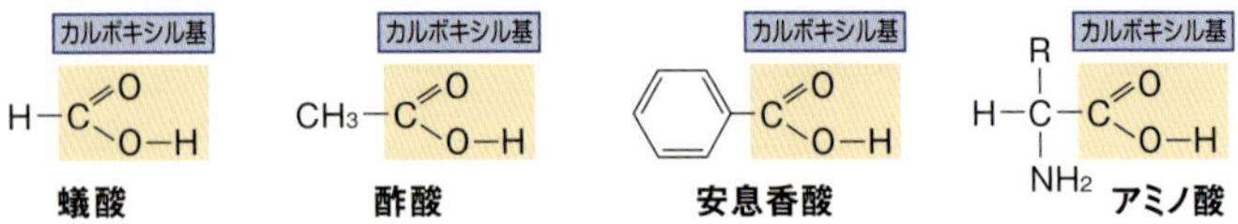

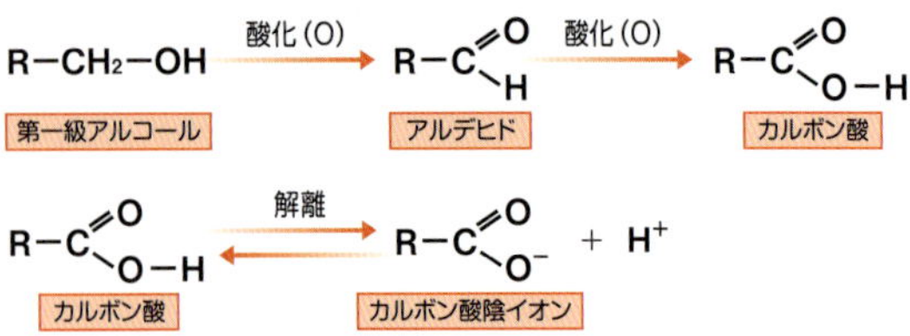

式1　$pH=-\log[H^+]$

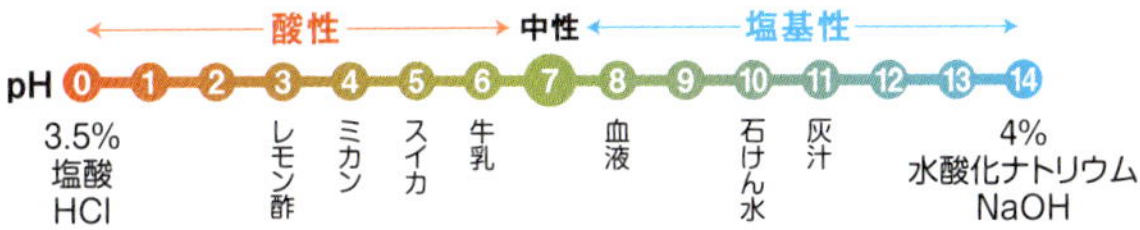
酸性
中性
塩基性
pH
0
1
2
3
4
5
6
7
8
9
10
11
12
13
14
3.5%
塩酸
HCl
レモン酢
ミカン
スイカ
牛乳
血液
石けん水
灰汁
4%
水酸化ナトリウム
NaOH

最後のカルボニル化合物
これで3つそろいましたね
カルボキシル基をもつ化合物
カルボン酸
カルボキシル基
R−C(=O)−OH
カルボン酸の一般式
どれも本当によく似ていました

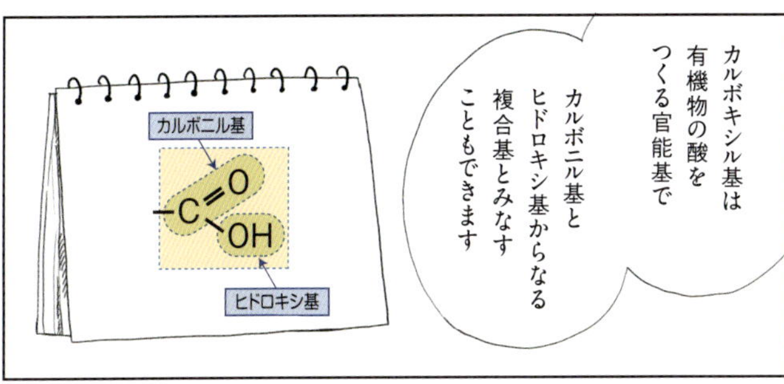
カルボキシル基は有機物の酸をつくる官能基で
カルボニル基とヒドロキシ基からなる複合基とみなすこともできます
カルボニル基
−C(=O)−OH
ヒドロキシ基

エステルと酸無水物

① エステル

カルボン酸とアルコールが反応すると、水とエステルを生成します。このように2個の分子が水を放出して結合する反応を、一般に**脱水縮合反応**といいます。一方、エステルは水と反応して、もとのカルボン酸とアルコールを生成します。この反応を（エステルの）**加水分解**といいます。

エステル化ではカルボキシル基のOHと、アルコールのヒドロシ基のHとで、水をつくることが知られています。

② 酸無水物

2分子のカルボン酸から水が取れたものを**酸無水物**といい、酢酸からできたものは無水酢酸といいます。1分子の中に2つのカルボキシル基をシスの関係にもったマレイン酸では、脱水反応を起こして、環状の無水マレイン酸となります。しかし、トランス体のフマル酸は置換基が遠いので、無水物になりません。

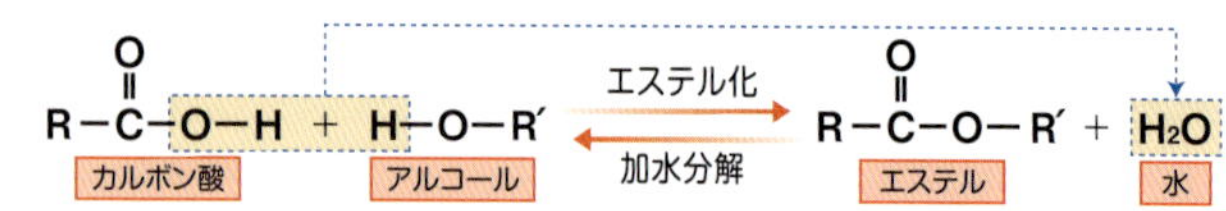

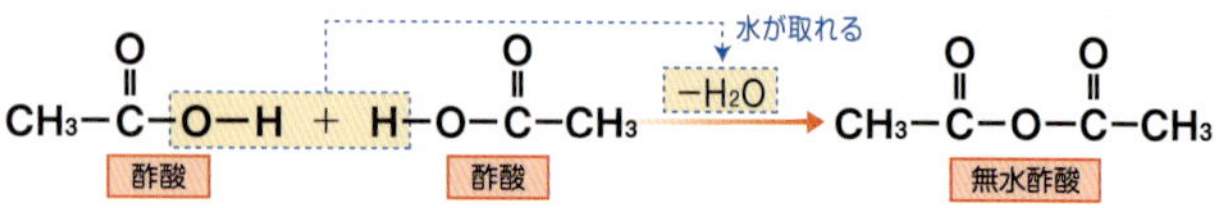

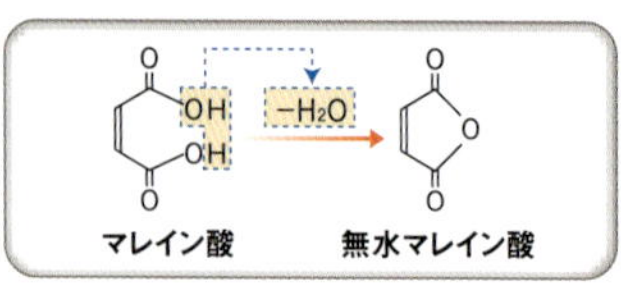

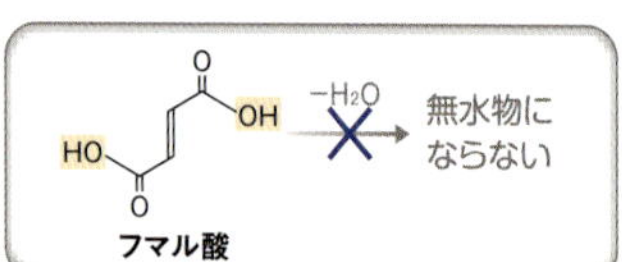

こっちの分子から
OとHをもらい
こっちの分子からは
Hをもらって
結合させます
はい
水の分子が
できました
赤ちゃん
みたいです
そして
残りの原子が
集まって1つの
分子になる
こういうのを
脱水縮合
といいます
すでに紹介した
有機物の間でも
この反応は
起こります
その際
反応物の組み
合わせによって
生成物の名前も
決まってきます
ので
そこに注目
してください
カルボン酸 ＋ アルコール 脱水縮合 → エステル R−COO−R′
カルボン酸 ＋ カルボン酸 脱水縮合 → 酸無水物 R−CO−O−CO−R′
赤ちゃんを
産んだあとに
……合体？
そして
脱水縮合は
可逆的な
反応です
つまり
水分子を
与えれば
もとの物質に
分解できる
ということに
なるのです
カルボン酸 ＋ アルコール ← 加水分解 エステル
カルボン酸 ＋ カルボン酸 ← 加水分解 酸無水物
赤ちゃんを
入れたら
また分裂
……？？？

アミンの種類と性質

アミノ基NH_2をもつ化合物を**アミン**といい、窒素についたアルキル基の個数によって、4種類のアミンに分類します。窒素に1つ、2つ、3つのアルキル基がついたものを、それぞれ第一級、第二級、第三級アミンといいます。

上のアミンにH^+が付加した陽イオンはそれぞれ、第一級、第二級、第三級アンモニウム塩と呼ばれます。また、窒素に4つのアルキル基がつき、窒素がプラスに荷電したものは第四級アンモニウム塩と呼ばれます。

アニリンはベンゼン環にアミノ基のついたものです。また、タンパク質の原料となるアミノ酸は、アミンの一種と見ることもできます。

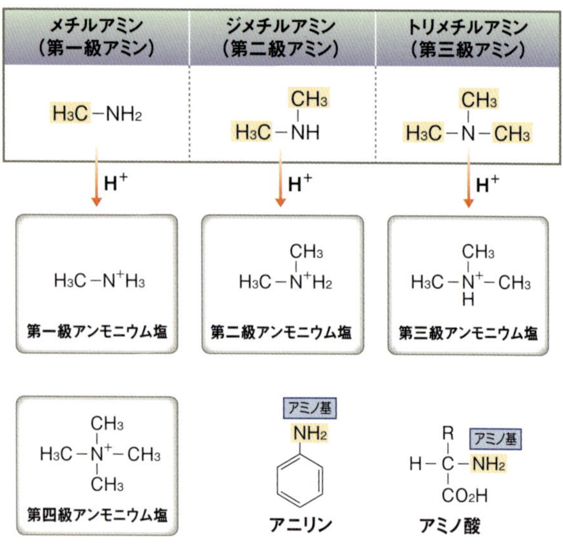

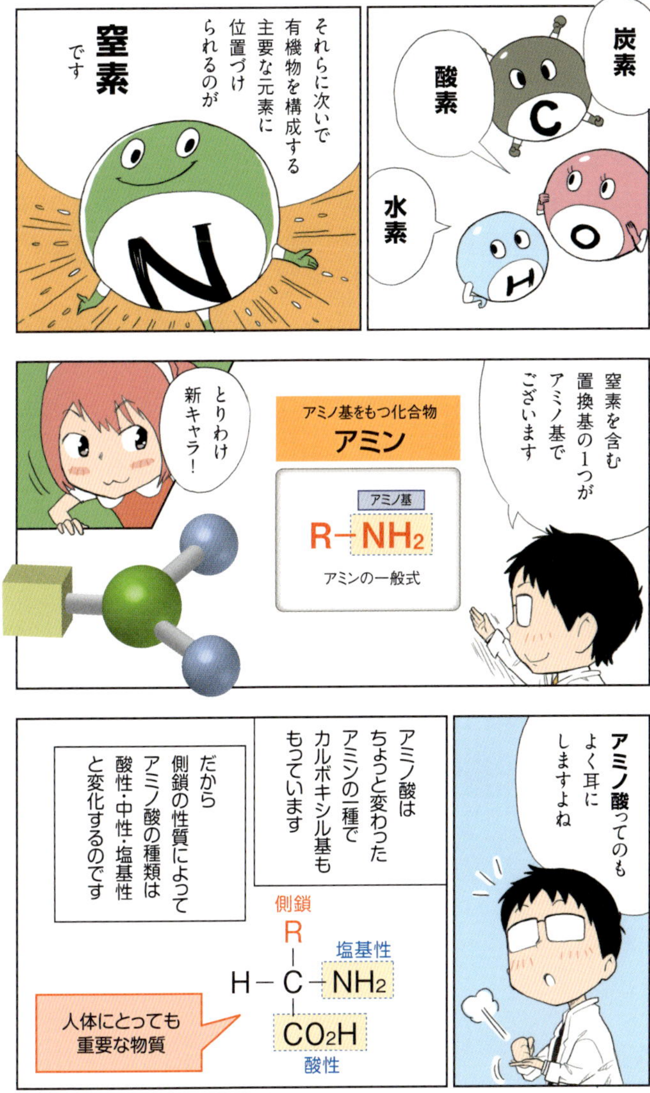
炭素
酸素
水素
C
O
H
それらに次いで有機物を構成する主要な元素に位置づけられるのが
窒素です
N
窒素を含む置換基の1つがアミノ基でございます
アミノ基をもつ化合物
アミン
アミノ基
$R-NH_2$
アミンの一般式
とりわけ新キャラ!
アミノ酸ってのもよく耳にしますよね
アミノ酸はちょっと変わったアミンの一種でカルボキシル基ももっています
だから側鎖の性質によってアミノ酸の種類は酸性・中性・塩基性と変化するのです
側鎖
R
塩基性
H
C
NH_2
CO_2H
酸性
人体にとっても重要な物質

塩基性はアミンの最大特徴です

① 塩基性——H^+を受け取る

アミンはH^+を受け取って、アンモニウム塩になる性質があります。一般にH^+を受け取る性質のある物質を**塩基**といい、H^+を放出する性質のある物質を**酸**といいます。このため、アミンは典型的な有機物の塩基です。

塩基には強弱があり、それは**pK_a**で表されます。pK_aが大きいものほど塩基として強い、すなわちH^+と結合する力が強いことを意味します。メチルアミンはアンモニアより強塩基であり、ピロールやアニリンは非常に弱い塩基です。

② アミド

アミンとカルボン酸が脱水縮合したものを**アミド**、反応を**アミド化**といいます。アミド化はタンパク質合成や、ナイロン合成などにつながる重要な反応です。

酸 ＝ H^+を放出するもの

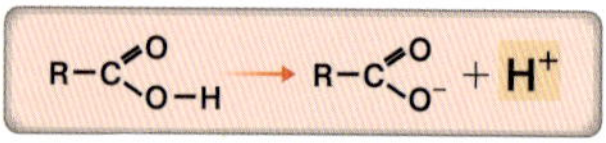

塩基 ＝ H^+を受け取るもの

$$R-NH_2 + H^+ \rightarrow R-NH_3^+$$

塩基	ピロール	アニリン	ピリジン	アンモニア	メチルアミン	キヌクリジン
	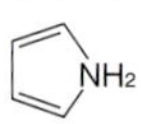	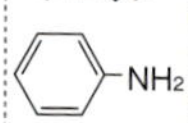	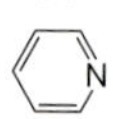	NH_3	CH_3NH_2	
pKa	0.4	4.6	5.3	9.3	10.7	11.0

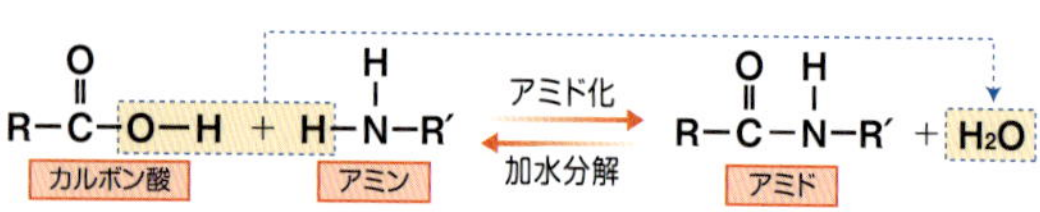

前節で挙げたアミノ酸は特殊なものとしても
アミンの特徴はその塩基性にあります
アミノ基は窒素と水素の電気陰性度の差から窒素がマイナスに荷電しています
これが新たなH+を引き寄せるのです
H+を受けとる塩基性
またアミンとカルボン酸による生成物が**アミド**です
カルボン酸
これについては7節のエステル化と同じように考えてください
脱水縮合によって生成されたのがエステル
カルボン酸 + アルコール
脱水縮合
エステル
反応物がアルコールからアミンに変われば生成物は**アミド**です
カルボン酸 + アミン
脱水縮合
アミド
エステル化と同様に可逆的な反応になっています
覚えていますか?「加水分解」
水を戻せばまた分裂……!!!

芳香族ってなんのこと？

① 芳香族ってにおいがいいの？

化学では“**芳香族**”という言葉を、避けて通るわけにはいきません。それほど重要な言葉です。しかし、“芳香族とはなんでしょう？”と聞かれたときに、的確に答えるのもまた大変なことです。少なくとも“芳香”をもっているからということではなさそうです。ピリジンはものすごい悪臭ですが、典型的な芳香族です。

② 芳香族の条件

それでは、芳香族とはどのような化合物なのでしょう？　その定義も実は難しいのですが、一応、おおかたの認めるところとして

①環状全共役化合物である（すべての原子が共役している）

②環内に（2n+1）個の二重結合をもつ（nは整数）

ということができるでしょう。

この定義によれば、ベンゼン、ピリジン（n=1）やナフタレン（n=2）は芳香族です。しかし、シクロブタジエンやシクロペンタジエンは芳香族ではないことになります。

条件＼化合物	ベンゼン	ピリジン	ナフタレン	シクロブタジエン	シクロペンタジエン
			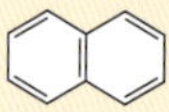		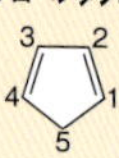
環状全共役か？	○	○	○	○	×※
二重結合が（2n+1）個あるか？	○ 3個 （n=1）	○ 3個 （n=1）	○ 5個 （n=2）	× （2個）	× （2個）

※ C_5 が共役系から外れている

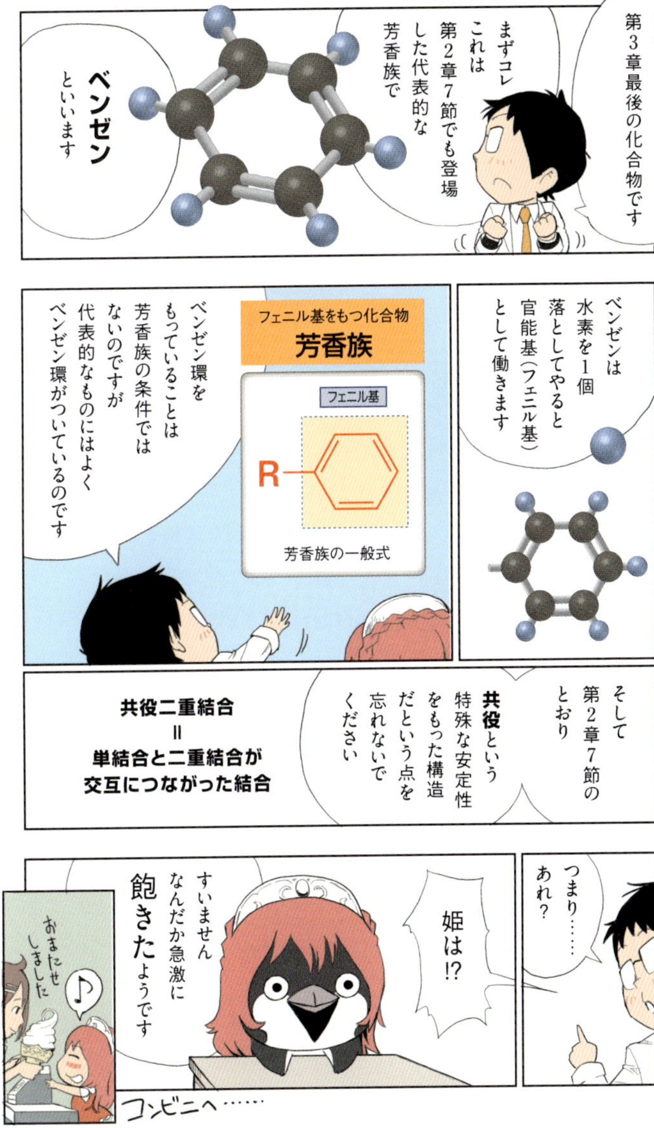
さあ！ 第3章最後の化合物です
まずコレ これは第2章7節でも登場した代表的な芳香族で
ベンゼンといいます
ベンゼンは水素を1個落としてやると官能基（フェニル基）として働きます
フェニル基をもつ化合物
芳香族
フェニル基
R
芳香族の一般式
ベンゼン環をもっていることは芳香族の条件ではないのですが代表的なものにはよくベンゼン環がついているのです
そして第2章7節のとおり
共役という特殊な安定性をもった構造だという点を忘れないでください
共役二重結合
＝
単結合と二重結合が交互につながった結合
つまり……
あれ？
姫は!?
すいませんなんだか急激に飽きたようです
おまたせしました
♪
コンビニへ……

芳香族ってどんな性質?

① 安定です

芳香族の特色は物性(ぶっせい)と構造に分けて考えることができます。物性から見たときの最大の特色は、**安定**であるということです。

化合物の“安定”性には2通りの意味があります。1つは“**壊れにくい**”という意味であり、もう1つはほかの分子と“**反応しにくい**”という意味です。芳香族は両方の意味で安定です。芳香族は、確かに反応性のとぼしい化合物ですが、その一方で特定の反応は容易に行います。これもまた芳香族の特色です。

② すべての結合が同じです

構造面の特色は、単結合と二重結合の区別がないことです。

単結合と二重結合の長さを比べれば、二重結合のほうが結合距離は短くなります。**下表**はいろいろな化合物における、単結合と二重結合の**結合距離**を比べたものです。共役化合物のブタジエンでも、単結合と二重結合では長さが異なっています。

しかし、ベンゼンでは単結合と二重結合の区別がなくなっています。そのため、ベンゼンの構造は表の右端のように、六角形の中に○を書いて表すことがあります。

化合物 / 距離(10^{-8}cm)	エタン H_3C-CH_3	エチレン $H_2C=CH_2$	ブタジエン $H_2C=CH-CH=CH_2$	ベンゼン 
C−C 距離	1.53	−	1.48	1.40
C=C 距離	−	1.34	1.36	1.40

姫 なかなか帰ってきませんね……
……
先生 私にもぜひ授業を
え？
私 話の先が気になって気になって
で では……
共役をもつことによる芳香族の安定性って つまり化学反応が限定的になるってことなんです
ほかの原子を追加したり自分の原子を減らしたり それではむしろ安定性を失ってしまう
安定した構造を維持しながら自分とほかの原子を**置換する反応だけ**が進むんです
それにおもしろいのはベンゼンのその正六角形の構造 単結合と二重結合は結合距離が違うはずなのに 実験室で観察されるベンゼンは実際すべて等距離の正六角形をしている それって矛盾してるでしょ？ これを解決したのがですね共鳴理論っていうんですけどね
でもこれ大昔はほんっとすごい謎だったんですよ？
ぐー

Column

酢酸とクエン酸

個人的な話でもうしわけありませんが、私はウメボシがまったく苦手です。バチアタリにも「ニンゲンノクイモノデハナイ（ウメボシ屋さん、ならびにウメボシの好きなオクサン、まことにもうしわけありません）」などと、ウソブイています。

もちろん、レモンも私にとっては食物の範囲外です。とにかく、あのスッパサを思い浮かべただけで、ニンゲンバナレした顔になります。

しかし、いいわけかもしれませんが、私は膾(なます)はダイスキです。カニだってカニ酢で食べます。ですから、たんに酸っぱいものがダメというわけでもないのです。

お気づきでしょうが、“酸っぱさのもと”が違うのです。ウメボシやレモンの酸っぱさは**クエン酸**によるものであり、膾や鮨(すし)などは酢、すなわち**酢酸**による酸っぱ味なのです。私は酢酸は好きなのですが、クエン酸は苦手ということなのだ、と思っています。ですから体内に入ると酢酸に酸化される、エタノールもダイスキなのです？

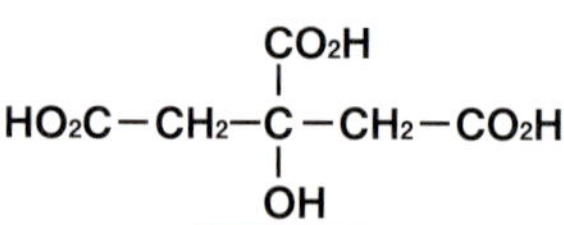

クエン酸

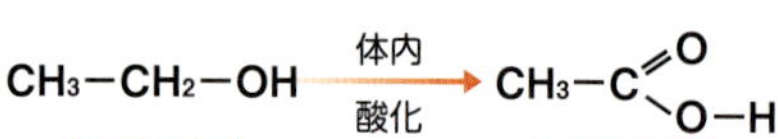

エタノール　　　酢酸

4
CHAPTER

基礎的な反応

分子の特徴は変化することであり、それを化学反応といいます。有機分子は特に反応しやすい分子です。反応には多くの種類がありますが、基礎的なものとして置換反応、脱離反応、付加反応、酸化還元反応があります。

結合は切れたりできたりします

① 結合切断

化学反応は、煎じ詰めれば**結合の切断と生成**です。原子団AとBを結ぶのは共有結合ですから、AとBの間には2個の結合電子が存在します。すなわち、結合を表す価標、つまり“1本の直線”は“2個の電子＝電子対”に等しいのです。

結合が切断されるとき、電子対は片方の原子団Aについていきます。電子対を受け取ったAは電子過剰になり、陰イオンA^-になります。電子対を受け取らなかったBは、反対に電子不足の陽イオンB^+になります。結合切断の上に書いた“小さな曲がった矢印”は、このような**電子対の動き**を表します。

② 結合生成

陰陽両イオン間で結合生成が起きるときには、陰イオンの電子対が陽イオンの方向に移動し、結合電子対に変貌します。

矢印はこのような電子対の移動を表すので、陰イオンから陽イオンに向かうことになります。この小さな矢印は反応機構によく書き込まれるものです。表すのは“電子対の動き”であり、原子団の機械的な移動ではありません。

切断	表記法	$A-B \longrightarrow A^- + B^+$
	電子対の動き	$A{:}B \longrightarrow \ddot{A} + B$
生成	表記法	$A^- + B^+ \longrightarrow A-B$
	電子対の動き	$\ddot{A}^- + B^+ \longrightarrow A{:}B$

有機化学の目的はただ有機物の構造を調べるだけではありません
古い結合
化学反応
新しい結合
化学反応を駆使して新しく別の有機物を自在につくりだすのです
そこで第4章では有機物をつくりだすための基礎となる**化学反応のパターン**を学んでいきましょう
ふえ～い
古い結合の切断と新しい結合の生成とはなにか?
それは**電子の移動**そのものです
結合の切断と生成
＝
電子の移動
そこで反応式の中に**小さな矢印を書く**ことで電子対の動きをよりわかりやすく示すことができます
小さな矢印 ＝ 電子対の動き（2個の電子 ••）
A − B
1本の直線 ＝ 電子対（2個の電子 ••）

環が開閉する反応もあります

① 電子環状反応

化合物❶を加熱すると❷になります。この反応の特色は、結合の位置が矢印で示したように移動していることです。その結果、出発物質❶には結合がなかったC_1—C_6間に、結合ができています。このように結合が順番に移動する反応を**電子環状反応**といいます。

❶から❷に進行する反応では、鎖状化合物が環状化合物になるので**閉環反応**、逆に❷から❶への反応は**開環反応**と呼ばれます。

② コープ転位（クライゼン転位）

化合物❸を加熱すると化合物❹になります。❸と❹はひっくり返せば同じものですから、実際にこのような反応が起こっているかどうかはわかりません。そこで化合物❺を用いると、生成物は❻となり、確かに反応が起こっていることがわかります。

発見者の名前を取って❸、❹の反応を**コープ転位**、❺、❻の反応を**クライゼン転位**といいます。

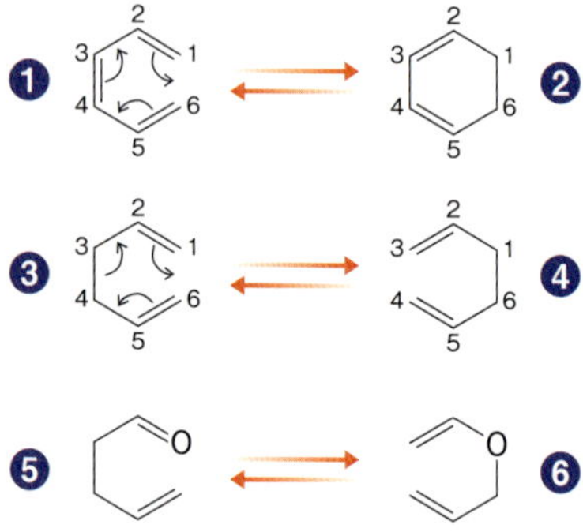

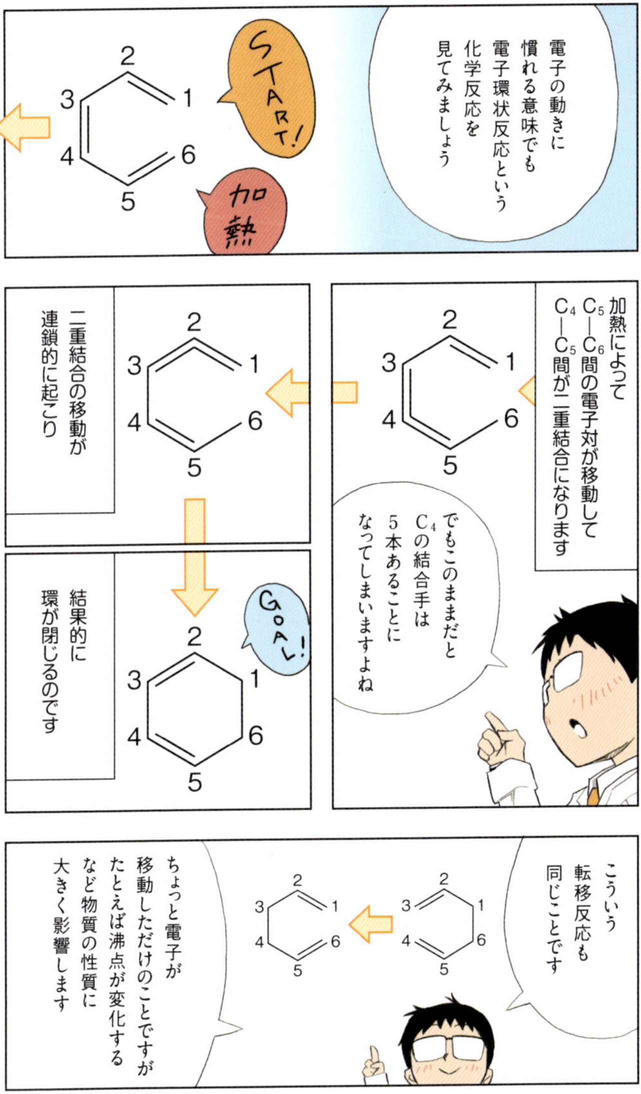
電子の動きに慣れる意味でも電子環状反応という化学反応を見てみましょう
START!
加熱
加熱によって C_5—C_6間の電子対が移動して C_4—C_5間が二重結合になります
でもこのままだと C_4の結合手は5本あることになってしまいますよね
二重結合の移動が連鎖的に起こり
結果的に環が閉じるのです
GOAL!
こういう転移反応も同じことです
ちょっと電子が移動しただけのことですがたとえば沸点が変化するなど物質の性質に大きく影響します

置換反応は付け替え反応デス

① 置換反応

置換反応(Substitution Reaction)は下の**反応式1**に示したように、基質の置換基Xが新しい置換基Yに置き換わる反応です。試薬Y^-が基質R—Xを攻撃し、代わりに自分が結合してR—Yになります。

置換反応は簡単な反応ですが、置換基を変換するという基本的な操作で、化合物を抜本的に変換する反応ということができます。

② 置換反応のイロイロ

基本的な置換反応を示しました。アルコールと塩化水素の反応では、OHがClに置き換わった塩化アルキルが生成します。反応条件を変えるとまったく反対の反応が起こります。すなわち、塩化アルキルに水酸化物イオンOH^-を反応させると、アルコールが生成します。

攻撃する試薬はイロイロなものがあります。アンモニウム陰イオンNH_2^-が反応すれば、アミンが生成します。

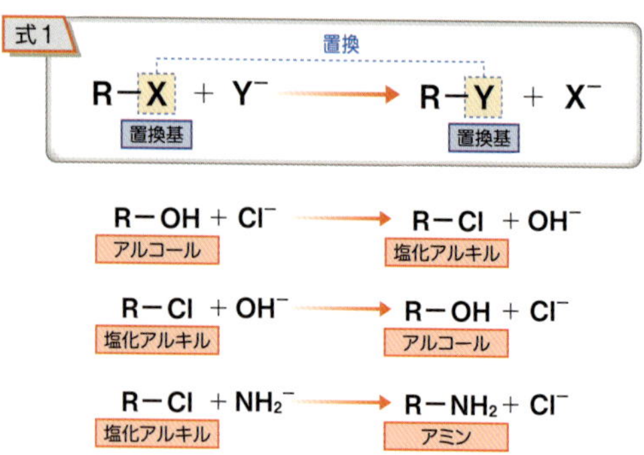

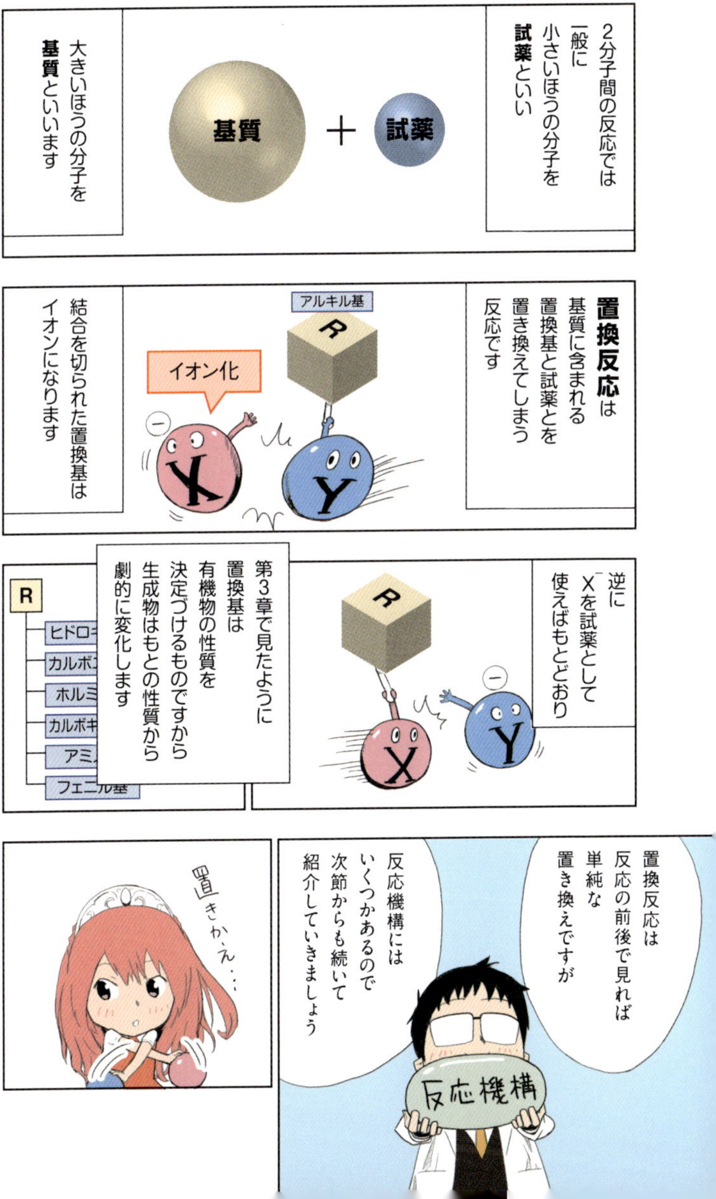
2分子間の反応では 一般に 小さいほうの分子を 試薬といい
基質
試薬
大きいほうの分子を 基質といいます
置換反応は 基質に含まれる 置換基と試薬とを 置き換えてしまう 反応です
アルキル基
R
イオン化
X
Y
結合を切られた置換基は イオンになります
逆に X^-を試薬として 使えばもとどおり
R
X
Y
第3章で見たように 置換基は 有機物の性質を 決定づけるものですから 生成物はもとの性質から 劇的に変化します
R
置換反応は 反応の前後で見れば 単純な 置き換えですが
反応機構には いくつかあるので 次節からも続いて 紹介していきましょう
反応機構
置きかえ…

一分子求核置換反応ってなんのこと?

① 一分子求核置換反応　S_N1反応

いろいろな置換反応がありますが、代表的なものは**一分子求核置換反応**S_N1と、**二分子求核置換反応**S_N2です。S_N1反応は2段階で進行します。まず置換基XがX⁻として脱離し、中間体❷が生成されます。この過程が一分子的、つまり分子❶が誰の手も借りずに反応しているので、一分子反応といいます。

次に、中間体❷をY⁻が攻撃すると生成物❸が生成されます。Y⁻のように、相手のプラス電荷を攻撃する試薬を求核試薬といいます。"核"は原子核がプラスに荷電することから用いられました。**求核試薬**による一分子反応なので、これを**一分子求核置換反応**といいます。

② ラセミ体の生成

中間体❷は**下図**に示したような平面形の構造です。したがって試薬Y⁻はa bのどちら側からでも攻撃できます。aから攻撃すると生成物は3aとなり、bから攻撃すると3bとなります。3aと3bは光学異性体ですが、両者の1:1混合物を**ラセミ体**といいます。つまり、S_N1反応ではラセミ体が生成されます。

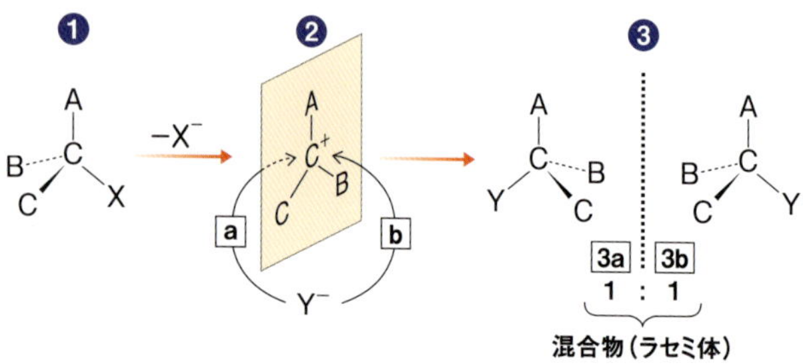

化学反応は反応に関与する分子の数によって
分類することができます

一分子反応	1個の分子が自分で別の分子に変化する
二分子反応	2個の分子が反応して別の分子に変化する

また 試薬もその働きによって分類できます

求核試薬	基質のプラス部分を攻撃し 電子を与えて結合する	＝ 求核攻撃
求電子試薬	基質のマイナス部分を攻撃し 電子を奪って結合する	＝ 求電子攻撃

そこで 置換（**S**ubstitution）反応のうち
一分子から求核（**N**ucleophilic）攻撃を経て
進行する反応を
一分子求核置換（**S**N**1**）反応と呼びます

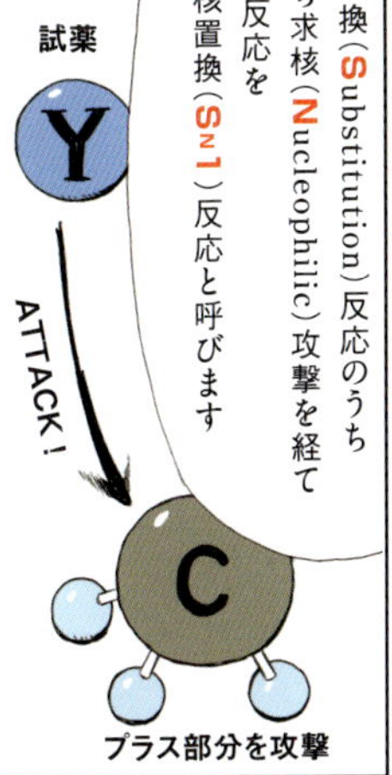

S_N1反応は2段階で進む

①置換基Xが
陰イオンとして脱離する

$$R-CH_2-X \rightarrow R-CH_2^+ + X^-$$

脱離
陽イオン中間体

②ほかの置換基Yが
陰イオンとして求核攻撃する

$$R-CH_2^+ + Y^- \rightarrow R-CH_2-Y$$

求核攻撃
陽イオン中間体
最終生成物

二分子求核置換反応ってなんのこと?

① 二分子求核置換反応　S_N2反応

S_N2反応は、出発物質1と陰イオンY^-の二分子の間の衝突で進行します。そのため**二分子反応**といいます。S_N2反応は、1段階で進行します。

構造式においてY^-からでている曲がった矢印は、Y^-上の電子対が攻撃していることを表します。また、結合C—XからXに向かう矢印は、結合C—Xの結合電子対がXに移動して、X^-の電子対になって分子から離れることを表します。

② ワルデン反転

S_N2反応では、攻撃試薬Y^-は脱離基Xの裏側から、Xを追いだすように攻撃します。そのため、出発分子の立体構造は反転します。つまり、こうもり傘が風に煽(あお)られて反転するようなものです。これを発見者の名前を取って**ワルデン反転**といいます。

つまりS_N2反応では、光学対掌体の片方を用いて反応をすると、生成物も光学対掌体の片方だけになるのです。ただし、立体配置は出発物質の反対になります。

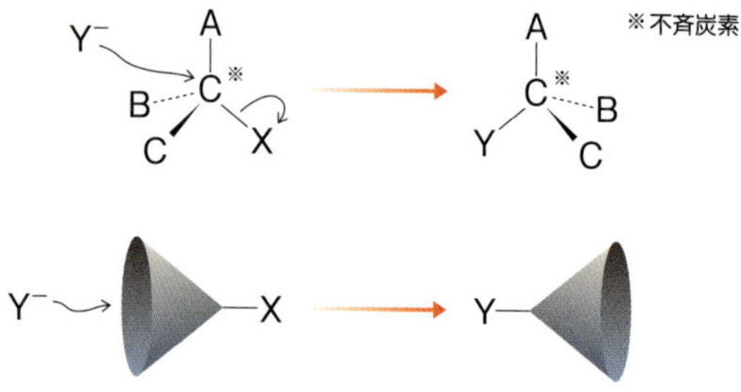

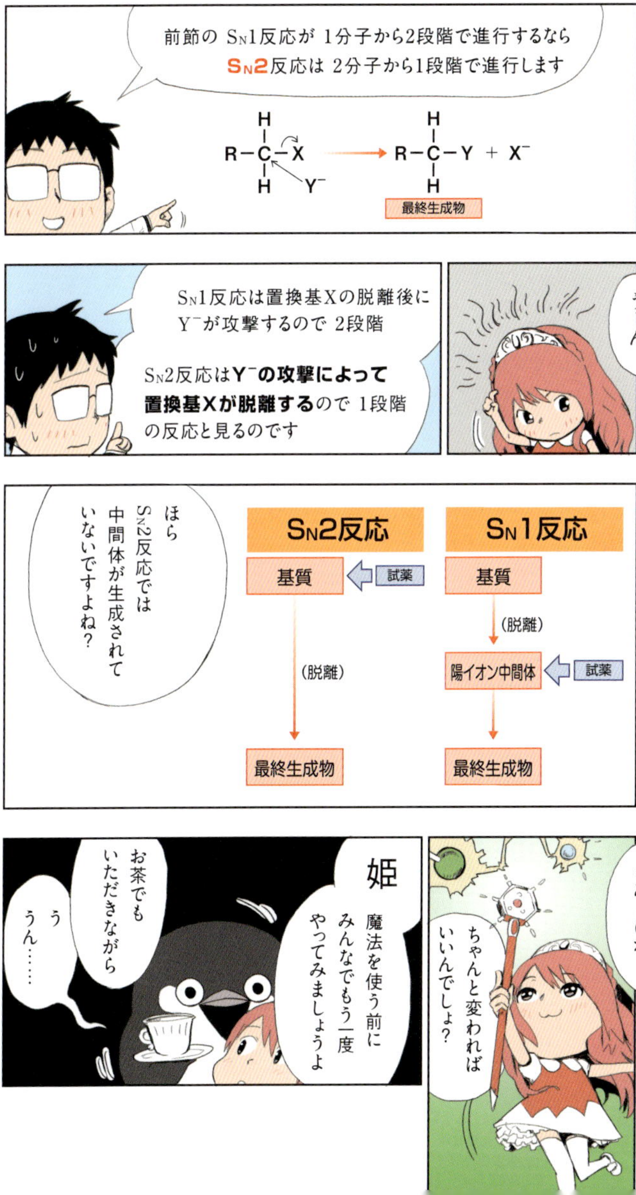
前節の SN1反応が 1分子から2段階で進行するなら
SN2反応は 2分子から1段階で進行します
R−C(H)(H)−X + Y⁻ → R−C(H)(H)−Y + X⁻
最終生成物
うーん
SN1反応は置換基Xの脱離後に
Y⁻が攻撃するので 2段階
SN2反応はY⁻の攻撃によって
置換基Xが脱離するので 1段階
の反応と見るのです
SN1反応
基質
(脱離)
陽イオン中間体
試薬
最終生成物
SN2反応
基質
試薬
(脱離)
最終生成物
ほら
SN2反応では
中間体が生成されて
いないですよね？
まあとにかく
ちゃんと変われば
いいんでしょ？
姫
魔法を使う前に
みんなでもう一度
やってみましょうよ
お茶でも
いただきながら
う
うん……

脱離反応は民族独立運動デス

① 脱離反応

大きい分子の一部が小さい分子として外れる反応を**脱離反応**(Elimination Reaction)といいます。小数民族が独立して国家になるようなものです。反応は**式1**のように脱離基Xをもつ分子から分子HXが脱離し、そのあとは二重結合になります。

アルコールから水が取れると**アルケン**となります。水が脱離する反応を**脱水反応**といいます。また二重結合に脱離基Xがついた分子からHXが脱離すれば、三重結合が生成されます。

② エーテルの生成

上の脱水反応では、1分子のアルコールから1分子の水が脱離しました。しかし、2分子のアルコールから1分子の水が脱離すると**エーテル**を生じます。このような脱水反応を**分子間脱水反応**といいます。分子の両端にヒドロキシ基をもつ化合物が脱水反応を起こすと、**環状エーテル**となります。

式1

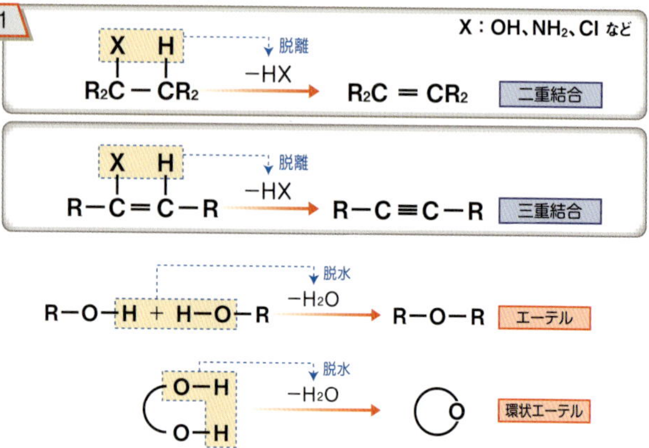

次に見るのは**脱離反応**です
大きい分子の一部が小さい分子として外れます
外れた原子団は**脱離基**といいます
大きい分子
脱離基
脱離基になりやすいもの
・ヒドロキシ基（−OH）
・アミノ基（$-NH_2$）
・ハロゲン原子
ポイントは脱離基の脱離後に余ることになる結合手です
余った手は分子の内部に新しい結合をつくることになるはずです
だから脱離反応はこういう感じで有機物をつくり変えてしまうわけですね
脱離前の分子
脱離後の分子
単結合
二重結合
二重結合
三重結合
ちなみに脱離した分子が結合して水になる場合
これを特に脱水反応といいます

脱離反応はどのように進むの？

① 一分子脱離反応

脱離反応の典型的なものは、**一分子脱離反応**(E1反応)と、**二分子脱離反応**(E2反応)です。

E1反応は2段階反応です。まず脱離基XがX⁻として脱離して、陽イオン❷となります。❶の曲がった矢印は、結合C—Xの結合電子対がXに移動して、X⁻として離れることを表します。

❷からH^+が脱離して❸となります。❷につけた矢印は、C—H結合の結合電子対がC—C結合に移動することを表します。その結果C—C結合は電子対が増えたので、結合が1個増えて二重結合になります。水素は電子がなくなり、H^+となります。

② 二分子脱離反応(E2反応)

E2反応では、出発物質1と試薬B^-の二分子が反応に関与します。反応は❶の矢印のとおり、B^-の電子対がHを攻撃します。それを受けてC—H結合の電子対がC—C結合に移動して、C=C二重結合を形成します。その結果、C—X結合の結合電子がXに移動するので、XはX⁻として脱離していきます。

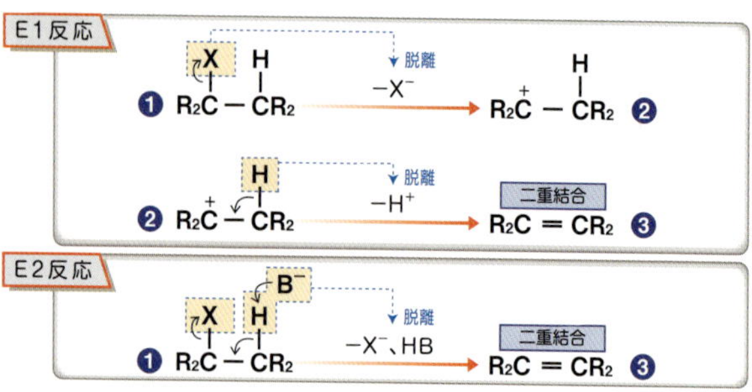

脱離（Elimination）反応にも置換反応と同様に
一分子から進行する**E1反応**と二分子から進行する**E2反応**とがあります
E1反応の第一段階は4節で見たS_N1反応のそれと同じです。つまり陽イオン中間体を生成します
E1反応
基質
（脱離）
陽イオン中間体
（脱離）
最終生成物
試薬 なし
中間体からさらに脱離するかもしくは置換されるかそれは中間体の安定性やその他の複雑な条件がからんできます
E2反応もSN2反応と同様に試薬の求核攻撃によって初めて脱離が進行します
E2反応
基質
試薬
（脱離）
最終生成物
脱離反応ですから使われた試薬は置換基として置き換わるわけではありません
どちらの反応機構であっても前節のとおりに単結合→二重結合と操作されていることが左ページの反応式からはよくわかりますね

接触還元ってなにかにさわるの?

① 接触還元反応

分子にほかの分子が結合して合体する反応を、**付加反応**といいます。代表は、金属触媒の存在下、二重結合に水素分子が付加して単結合になる反応であり、**接触還元**と呼ばれます。

接触還元は三重結合でも起こり、二重結合が生成しますが、反応はさらに進行して、最終的には単結合となります。

三重結合の接触還元では2通りの構造が考えられます。シス体❶とトランス体❷です。❶は2個の水素原子が三重結合の同じ側から付加したものであり、❷は反対側から攻撃したものです。

② 選択性

接触還元では、実際に生成するのはシス体❶だけであり、トランス体が生成することはありません。このような付加反応を**シス付加**といいます。また、生成物の可能性として複数種類の分子があるのに、そのうち特定の分子だけが生成するような反応を、**選択性のある反応**といいます。

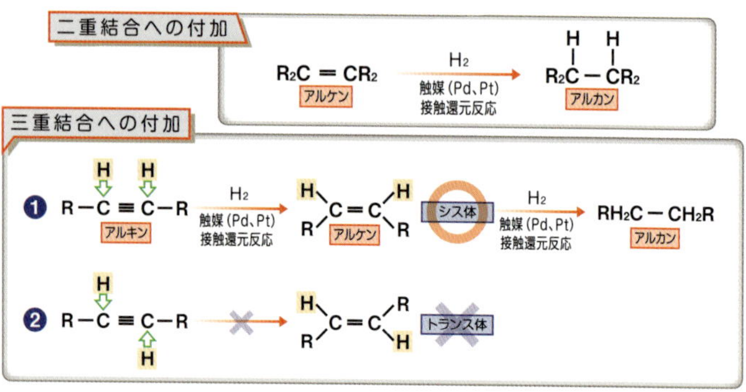

付加反応は脱離反応の逆の意味合いです
有機物の構造を逆の流れで誘導します
つまり二重結合や三重結合が切れてそこにほかの原子が結合するわけですね
脱離して結合する
脱離反応
単結合
二重結合
付加反応
切断して付加する
付加反応には試薬の働きを支える触媒を必要とする場合がありまして
その代表的なものが水素の付加です
触媒
水素は触媒に接触して初めて付加反応が行えるため
接触還元反応
=
水素が付加する反応
=
触媒が不可欠
こういうのを接触還元反応と呼びます
次節でくわしく触媒の働きを追ってみましょう

シス付加ってなんのこと?

① 金属結晶

接触還元の生成物はなぜ**シス体**だけなのでしょう？　それは、金属触媒の作用の仕方に原因があります。

金属は結晶であり、多くの原子が積み重なっています。結晶の内部の原子は上下左右前後6個の原子と結合しますが、表面の原子は、結合手が1本余っています。ここに水素分子がくると、金属との間に弱い結合が生成します。その結果、もともとあったH－H間の結合が弱くなります。このような状態の水素は非常に反応性が高いので、**活性水素**と呼ばれます。

② シス付加

このような水素に**アルキン**が寄ってくると、活性水素がここぞとばかりに付加します。すなわち、三重結合の同じ側に付加することになるのです。このため、シス体しか生じないのです。

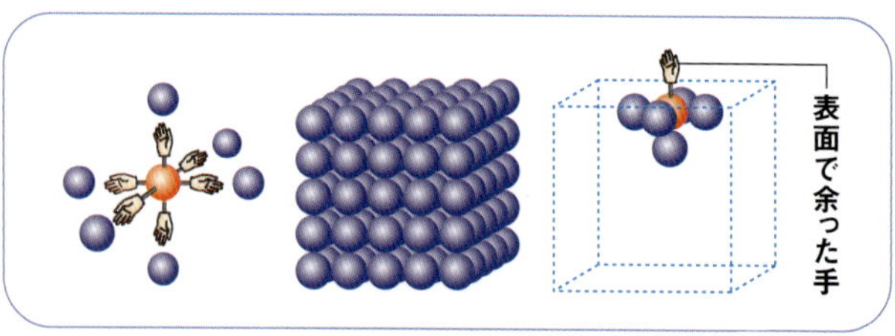

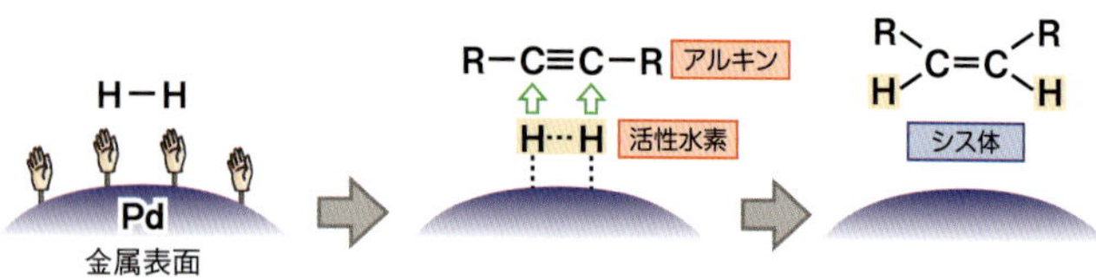

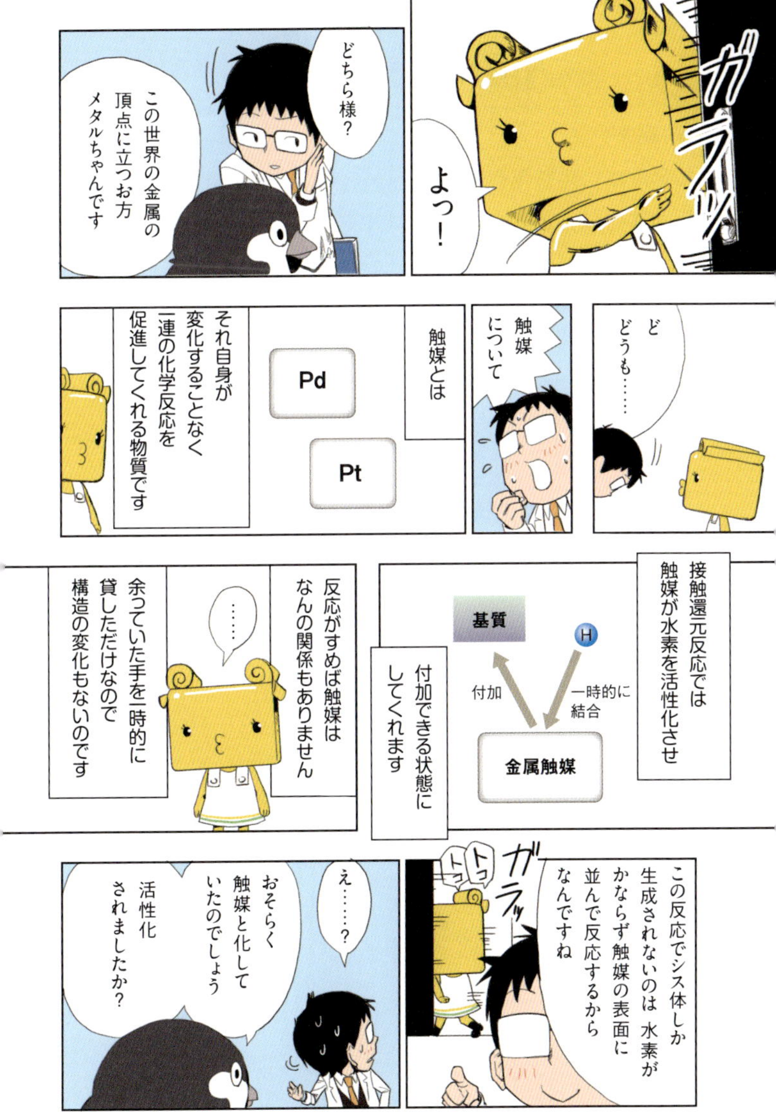
ガラッ
よっ！
どちら様？
この世界の金属の頂点に立つお方 メタルちゃんです
ど どうも……
触媒について
触媒とは
Pd
Pt
それ自身が変化することなく一連の化学反応を促進してくれる物質です
接触還元反応では触媒が水素を活性化させ
H
一時的に結合
付加
基質
金属触媒
付加できる状態にしてくれます
反応がすめば触媒はなんの関係もありません
……
余っていた手を一時的に貸しただけなので構造の変化もないのです
この反応でシス体しか生成されないのは 水素がかならず触媒の表面に並んで反応するからなんですね
ガラッ
トコ
トコ
え……？
おそらく触媒と化していたのでしょう
活性化されましたか？

トランス付加ってなんのこと?

① 臭素付加

臭素は二重結合や三重結合の不飽和結合と容易に反応して、付加体を与えます。しかしアルケン❶に臭素を付加すると、臭素がトランスに付加した❸のみが生成し、シスに付加した❷は生成しません。このような反応を**トランス付加**といいます。

② トランス付加

臭素分子Br_2はBr^-とBr^+に分解します。そしてBr^+がC=C二重結合を構成する2組の握手のうちの1組と反応します。この結果、2個の炭素と1個の臭素陽イオンが、三角形をつくるように握手した、変則的な陽イオン中間体❹ができます。

次に、❹をBr^-が攻撃します。しかし、分子の上面にはBr^+が結合しているので、Br^-は分子の下面から攻撃する以外ありません。つまり、2個の臭素原子は二重結合の上側と下側という、互いに反対側の面から攻撃することになるのです。

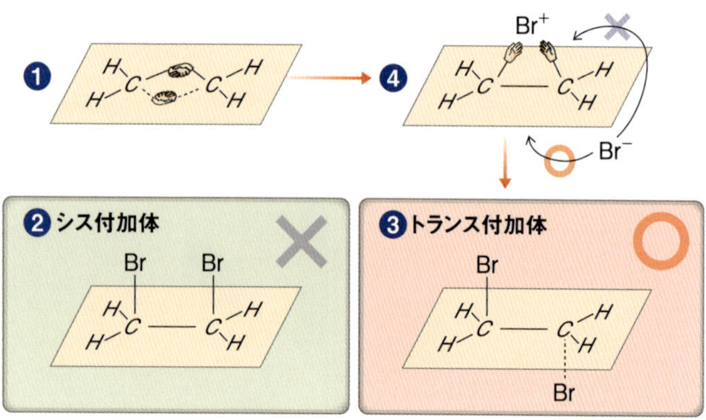

付加する2つの基が同じ場合はシス体とトランス体の両方が生成されるというのが一般的です
選択性のある反応
Br
H
そのなかで特殊な例が先に見た水素のシス付加であり
そしてここで紹介する臭素のトランス付加だといえます
臭素のトランス付加反応
R−C(H)=C(H)−R + Br−Br → R−C(H)(Br)−C(Br)(H)−R
アルケン
アルカン
トランス体
メタルちゃんは？
今度はもう触媒は関係ありません
さらに上の臭素付加体から2個の臭化水素（HBr）を脱離させるとアルキンに変化させることができます
HBr
脱離
R−C≡C−R
脱離
HBr
アルキン
2個脱離させたので2個の結合が内部に増えるんですね
つまり臭素の付加反応と臭化水素の脱離反応という連続技で二重結合を三重結合に変化させることができてるわけです
メタルちゃんは？
きっとまたどこかで会えますよ

水だって付加しますよ

① 二重結合との反応

水は、物質を溶かして反応溶媒になるだけではありません。**試薬**として、積極的に反応に関与することもあります。そのような例が**付加反応**です。水がアルケンに付加するとアルコールとなります。エチレンに水が付加するとエタノールになります。これは、エタノールの工業的な合成反応になっています。

② 三重結合との反応

反応的におもしろいのは、水と三重結合の付加反応です。反応は通常どおり進行して、ビニルアルコール誘導体❶を生じます。しかし、ビニルアルコールは一般にエノール型と呼ばれ、不安定です。

そこで、ただちにOHの水素をC=Cの炭素に移動し、安定なケト型であるケトン❷に異性化します。このような異性化を**ケト・エノール互変異性**といいます。

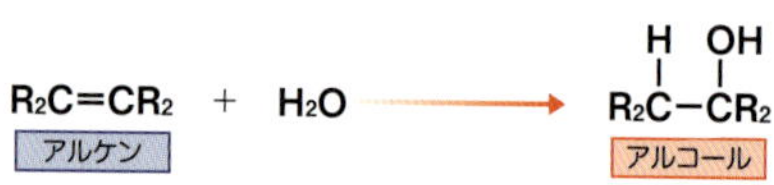

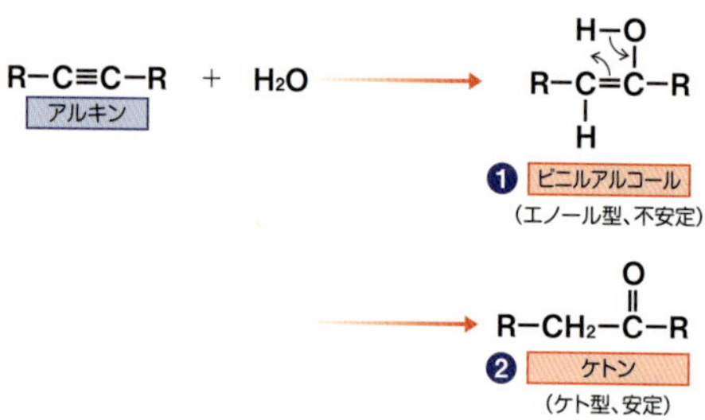

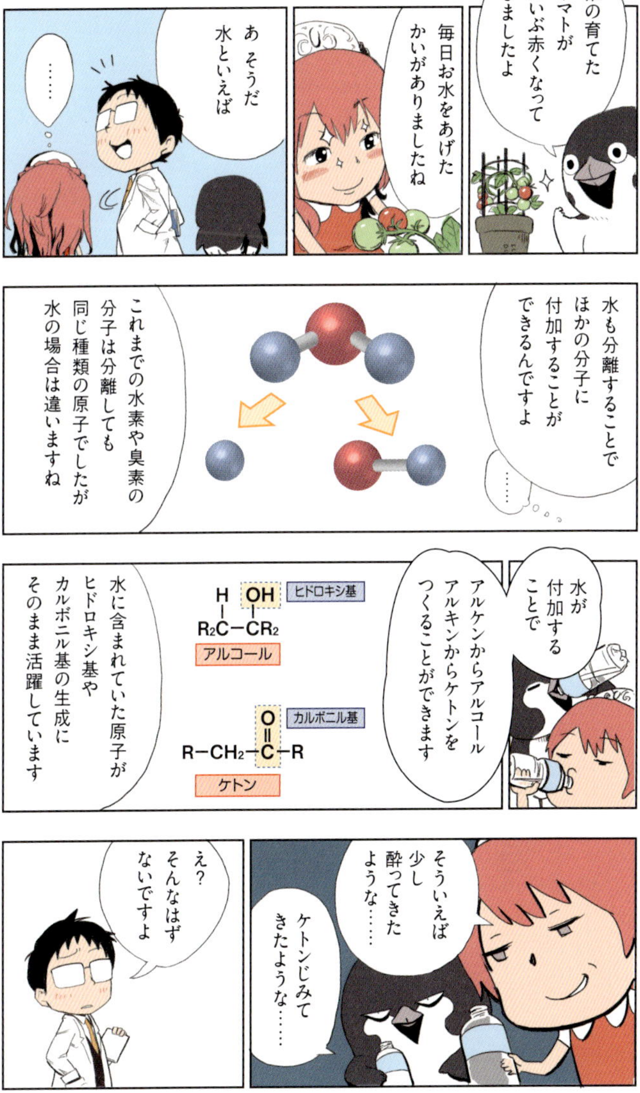
姫の育てたトマトがだいぶ赤くなってきましたよ
毎日お水をあげたかいがありましたね
あ そうだ 水といえば
……
水も分離することでほかの分子に付加することができるんですよ
……
これまでの水素や臭素の分子は分離しても同じ種類の原子でしたが水の場合は違いますね
水が付加することで
アルケンからアルコール アルキンからケトンをつくることができます
H
OH
ヒドロキシ基
R_2C-CR_2
アルコール
O
カルボニル基
$R-CH_2-C-R$
ケトン
水に含まれていた原子がヒドロキシ基やカルボニル基の生成にそのまま活躍しています
そういえば少し酔ってきたような……
ケトンじみてきたような……
え? そんなはずないですよ

環状に付加する反応もあります

① ディールス・アルダー反応

2個の分子が2カ所で結合して環状の生成物を与える反応を**環状付加反応**といいます。ブタジエン❶とエチレン❷が環状付加してシクロヘキセン❸となる反応は、発見者の名前を取って**ディールス・アルダー反応**といわれます。

❶と❷の炭素に**下図**のように番号を振ると、C_1—C_6、C_4—C_5が結合していることがわかります。

② 複雑な系の反応

下図はシクロペンタジエン❹と無水マレイン酸❺の反応です。このように、反応に無関係な部分構造をもつ化合物では、実際の反応部位を見つけだすことが重要です。色でマークした位置に、ブタジエンとエチレンが隠れていることがわかります。

この部分に上と同じ番号をつけ、C_1—C_6、C_4—C_5を結合し、残った部分構造をつけ足せば、生成物❻となります。

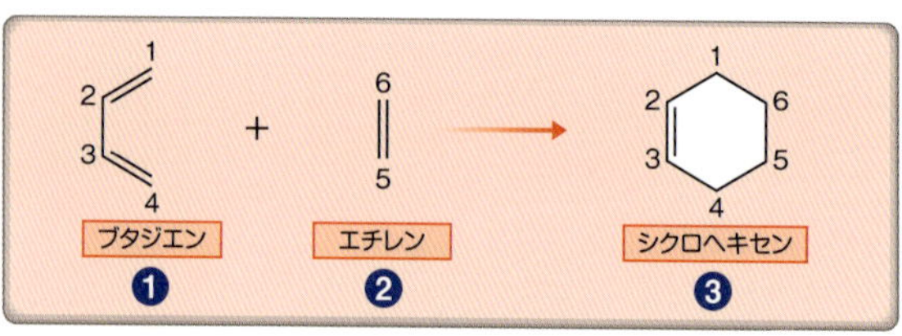

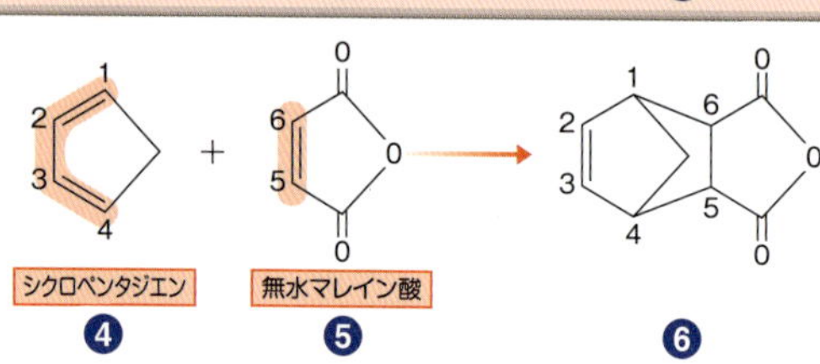

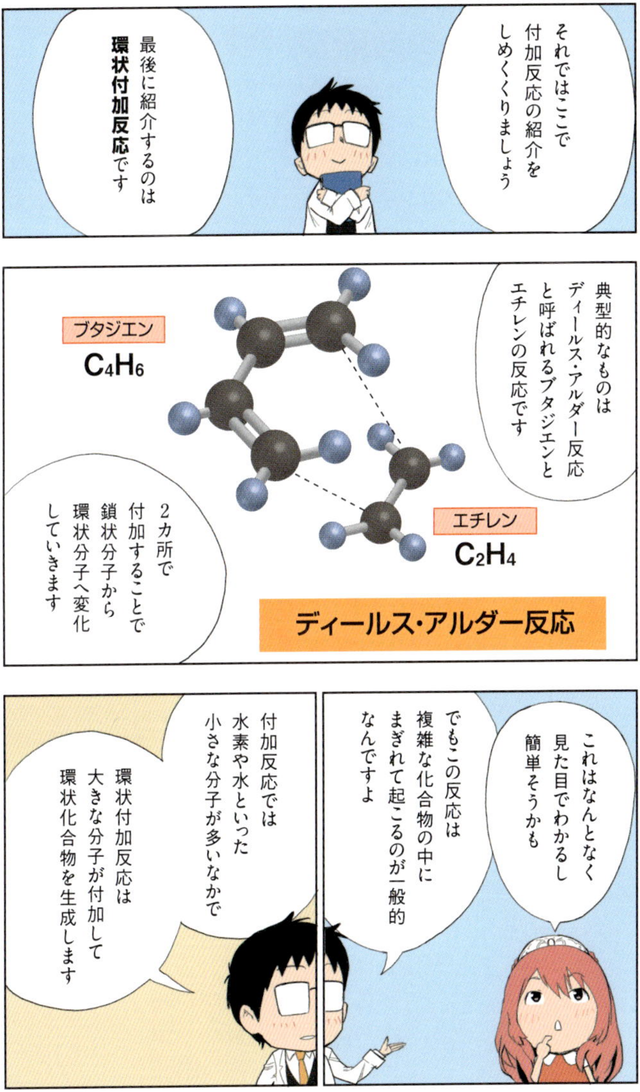
それではここで付加反応の紹介をしめくくりましょう
最後に紹介するのは環状付加反応です
典型的なものはディールス・アルダー反応と呼ばれるブタジエンとエチレンの反応です
ブタジエン
C_4H_6
エチレン
C_2H_4
ディールス・アルダー反応
2カ所で付加することで鎖状分子から環状分子へ変化していきます
これはなんとなく見た目でわかるし簡単そうかも
でもこの反応は複雑な化合物の中にまぎれて起こるのが一般的なんですよ
付加反応では水素や水といった小さな分子が多いなかで
環状付加反応は大きな分子が付加して環状化合物を生成します

酸化反応って酸素との反応でしょ？

① オキサシクロプロパン誘導体の生成

酸化・還元反応には各種の反応があります。しかし、典型的なものは酸素の授受に関する反応です。酸素を分子内に取り入れたとき、その分子は**酸化された**といいます。

過酸はカルボン酸より酸素が1個多く、その酸素をほかの物質に与えるので、強い酸化作用をもっています。アルケンを過酸で酸化すると、オキサシクロプロパン誘導体が生成します。

② ジオールの生成

二重結合を四酸化オスミウムOsO_4で酸化すると、反応は五員環中間体を通って進行します。そのため、生成物は2個のヒドロキシ基が分子の同じ面についたシス体となります。

このように、2個のヒドロキシ基が並んで結合したアルコールを1, 2—ジオールといいます。

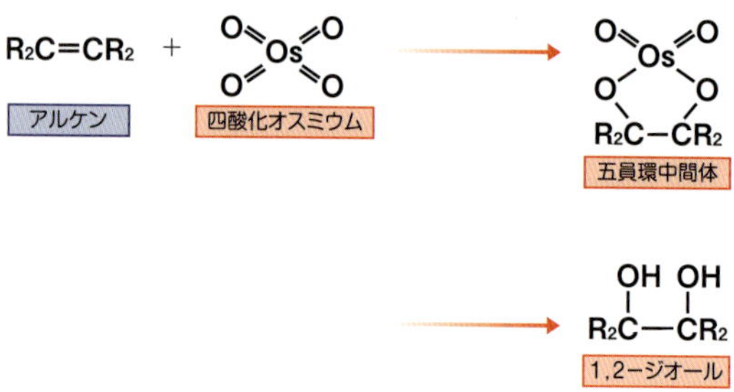

第4章の最後は酸素が関与する**酸化還元反応**を見ましょう
これは酸素の受け渡しが主体となる反応です
酸素を与えることを酸化といいます
しかし同時に**酸素を奪うこと**は還元といいます
つまり酸化と還元は同じ現象をどちらの立場から見るかという話であってかならずワンセットになる言葉なのです
酸化剤
酸化的な性質
酸化する
還元される
酸素(O)の移動
還元剤
還元的な性質
酸化される
還元する
大切なのはお互いの立場ではなく「実際に酸素がどちらからどちらへ動いているのか?」そこに注目することです
移動方向に注目すれば酸化剤と還元剤を混同することはありません

酸化してブッチギル!

C=C結合を過マンガン酸カリウムで処理すると、二重結合が切断され、2個のC=O二重結合に変化します。

Ⓐ **4置換の場合:**二重結合炭素に2個ずつのアルキル基がついているアルケンを酸化すると、2分子のケトンが生成します(5-1参照)。

Ⓑ **2置換の場合:**二重結合炭素に1個ずつのアルキル基がついているアルケンを酸化すると、アルデヒドを経て2分子のカルボン酸が生成します(5-1参照)。

Ⓒ **無置換の場合:**エチレンを酸化すると2分子ずつの二酸化炭素と水になります。

Ⓓ **ⒶⒷⒸの応用例:**アルキル基を数個もったアルケンを酸化すると、上のⒶ、Ⓑ、Ⓒどれかに相当する酸化物を与えます。

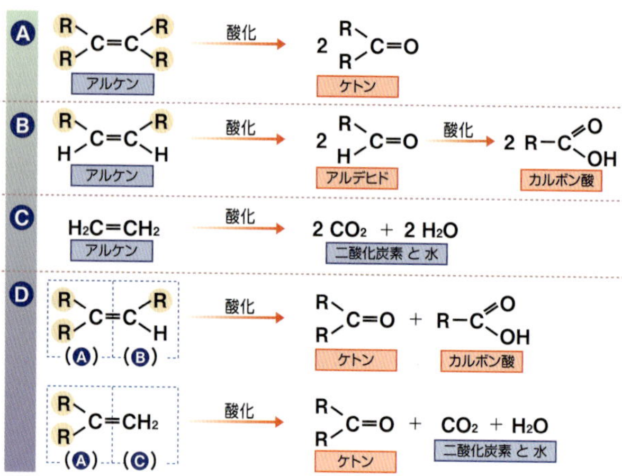

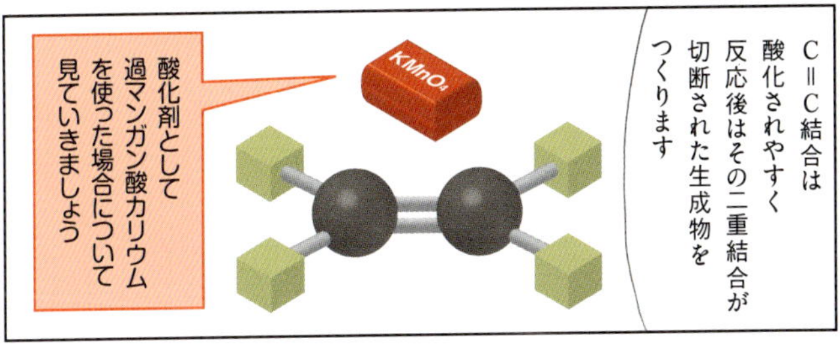

C＝C結合は
酸化されやすく
反応後はその二重結合が
切断された生成物を
つくります
$KMnO_4$
酸化剤として
過マンガン酸カリウム
を使った場合について
見ていきましょう

ポイント①

C=C結合は
切断される

ポイント②

切断後の炭素は
受け取った酸素との間で
C=O結合をつくる

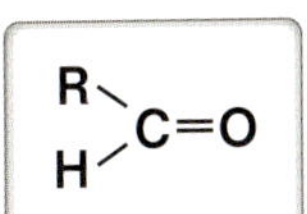

アルデヒドの一般式

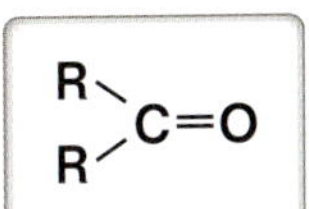

ケトンの一般式

ポイント③

? に入るアルキル基の
数によって生成物も
決まってくる

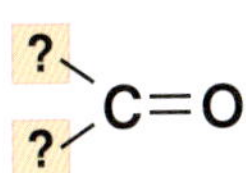

ここを
わかりやすく
まとめたのが
左ページ

Column
連鎖反応

連鎖反応という反応があります。連鎖反応とは同じ反応が繰り返す反応であり、よく知られているものに核分裂反応があります。これは原子核に中性子が衝突すると原子核が分裂してエネルギーをだしますが、同時に複数個の中性子をだします。この中性子がまた別の原子核に衝突して分裂反応を起こす……というぐあいに進行するので、反応は進むにつれて規模が大きくなり、爆発に至るというものです。

フロンがオゾン（O_2の同素体）を分解する反応も連鎖反応です。オゾン層でフロンが紫外線によって分解されると塩素原子Cl・が発生します。これがオゾンO_3に衝突すると酸素O_2とOCl・になります。このOCl・がオゾンに衝突すると2個のO_2とCl・になるのです。すなわち、Cl・が再生しているのです。このCl・がまたO_3を攻撃します。

このようにして、1分子のフロンが数千個のオゾン分子を破壊するといわれています。

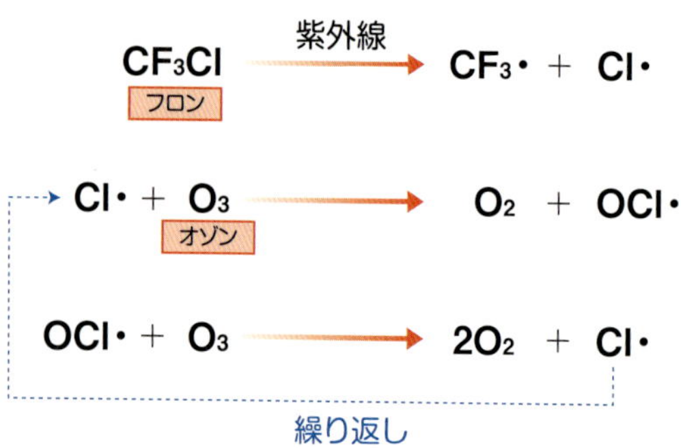

5
CHAPTER

応用的な反応

有機分子は複雑な反応を行って、思いもかけないような新しい分子に変化することがあります。しかし、このような反応も結局は基礎的な反応が組み合わさったものです。特に重要な反応には発見者の名前がついていることがあります。

5 CHAPTER 1 SECTION

ケトン・アルデヒドを合成するには?

C＝O結合をもつ化合物を一般に**カルボニル化合物**といいます。カルボニル化合物には、**ケトン**、**アルデヒド**、**カルボン酸**があります。

ケトンとアルデヒドの合成法を見てみましょう。

Ⓐ アルコールの酸化

第一級アルコールを酸化するとアルデヒドになります。通常、反応はアルデヒドで止まらず、カルボン酸にまで酸化されます。一方、第二級アルコールを酸化するとケトンになります。

Ⓑ 二重結合の酸化的解裂

1個の炭素に1つのアルキル基がついた二重結合を酸化解裂するとアルデヒドになりますが、上と同様に、最終的にカルボン酸になります。

1個の炭素に2つのアルキル基がついた二重結合を酸化的に解裂すると、その炭素部分はケトンになります。

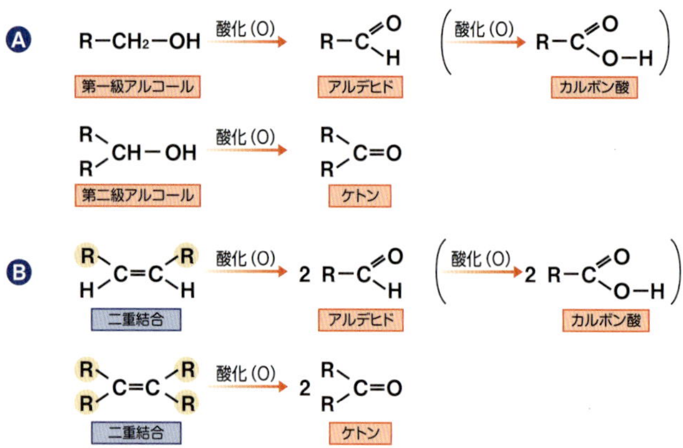

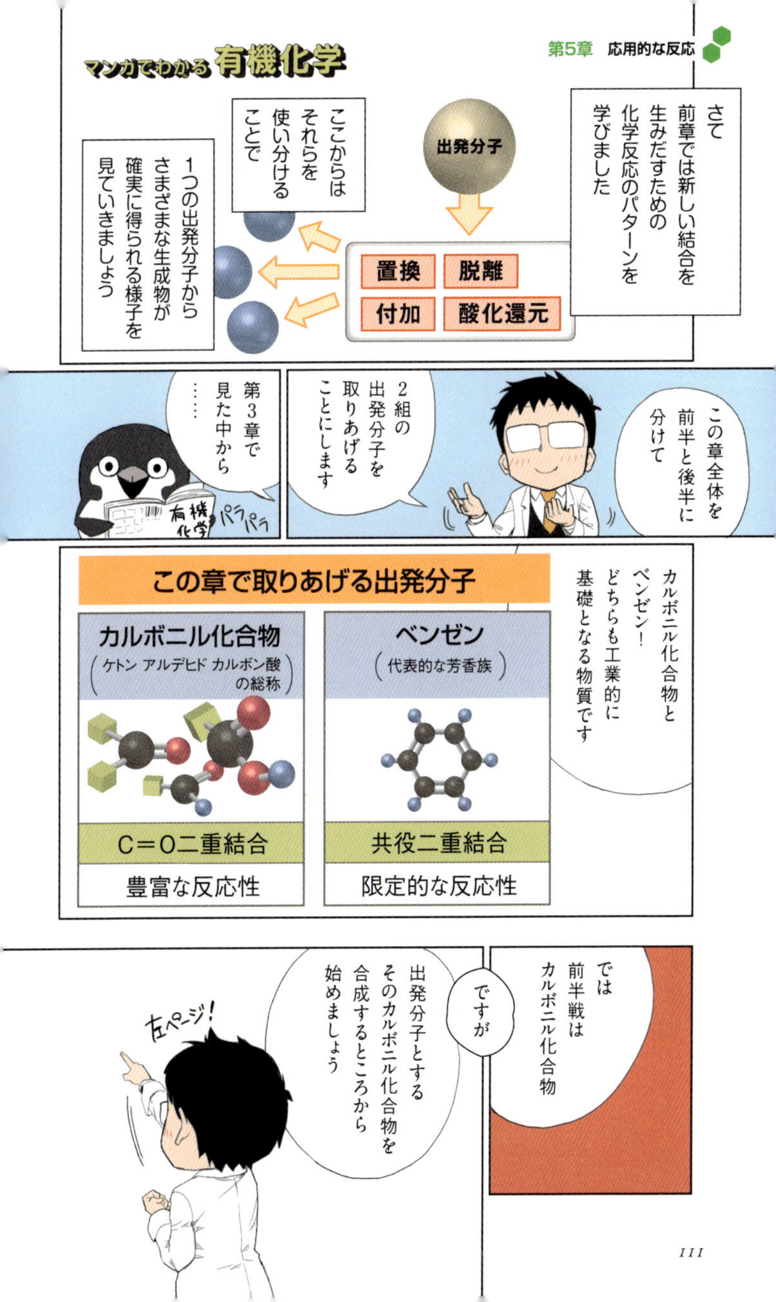
マンガでわかる有機化学
さて
前章では新しい結合を
生みだすための
化学反応のパターンを
学びました
出発分子
置換
脱離
付加
酸化還元
ここからは
それらを
使い分ける
ことで
1つの出発分子から
さまざまな生成物が
確実に得られる様子を
見ていきましょう
この章全体を
前半と後半に
分けて
2組の
出発分子を
取りあげる
ことにします
第3章で
見た中から
……
有機化学
パラパラ
カルボニル化合物と
ベンゼン！
どちらも工業的に
基礎となる物質です
この章で取りあげる出発分子
カルボニル化合物
（ケトン アルデヒド カルボン酸の総称）
C＝O二重結合
豊富な反応性
ベンゼン
（代表的な芳香族）
共役二重結合
限定的な反応性
では
前半戦は
カルボニル化合物
ですが
出発分子とする
そのカルボニル化合物を
合成するところから
始めましょう
左ページ！

カルボン酸を合成するには?

① アルコール、アルデヒドの酸化

カルボン酸の**カルボキシル基**は、炭素としては二酸化炭素に次いで、ほとんど最大限まで酸化された形になっています。したがってカルボン酸を合成するには、炭素化合物を徹底的に酸化すればよいことになります。

第一級アルコールを酸化すると、アルデヒドを経由してカルボン酸になります。したがって、アルデヒドを酸化すればカルボン酸になることになります。

② 二重結合の酸化的解裂

1個の二重結合炭素に1個のアルキル基がついている二重結合を**酸化解裂**すると、アルデヒドを経由してカルボン酸になります。また、ナフタレンを五酸化バナジウムV_2O_5で酸化すると、二価のカルボン酸である**フタル酸**が生成します。

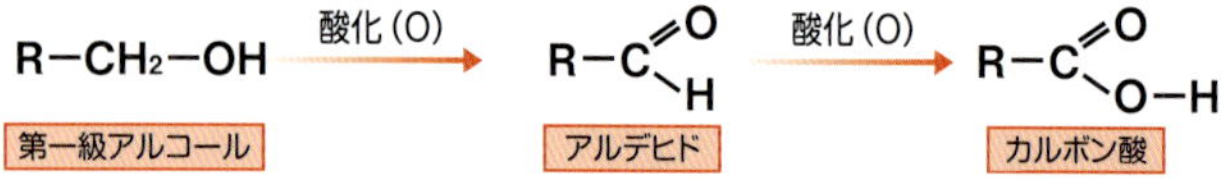

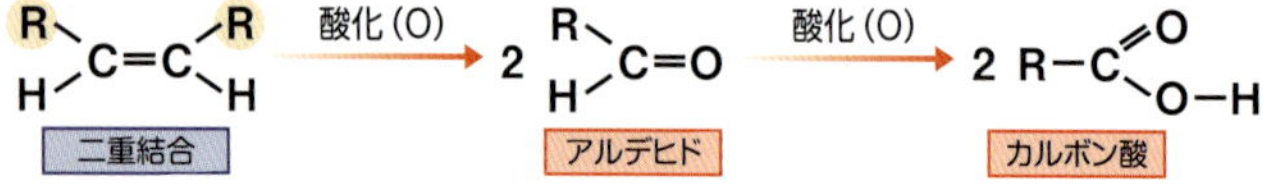

前節での
ケトンとアルデヒドの
合成法をまとめると
こうなります

アルコールを酸化

種類	生成物
第一級アルコール	アルデヒド
第二級アルコール	ケトン

C=C 二重結合を酸化

C=C結合のアルキル基	生成物
各炭素に1個	アルデヒド
4個	ケトン

アルデヒドは
還元性が強い物質で
それはつまり
酸化されやすいという
ことです

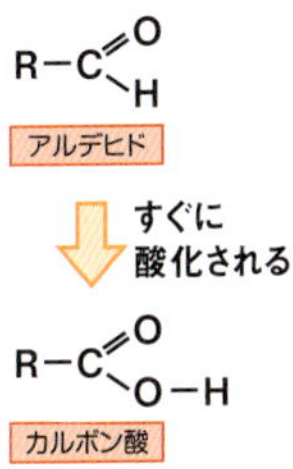

カルボン酸は
アルデヒドを酸化した
物質でしたので
その合成はアルデヒドを
合成する延長で
考えればよいでしょう

カルボニル化合物の準備は酸化反応で

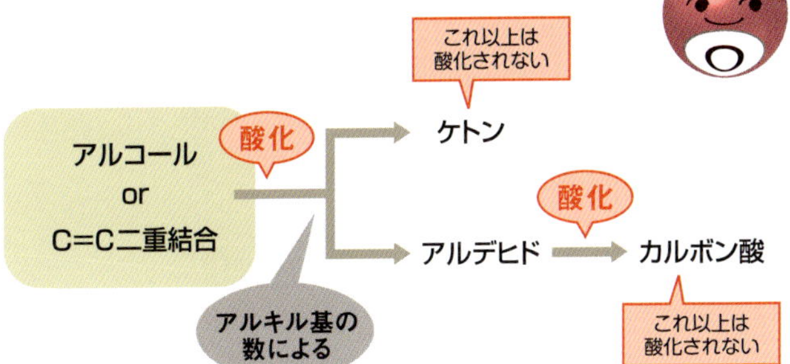

これでカルボニル化合物は
用意できました
今度はこれらを
出発分子にしてみましょう

C=O結合を酸化・還元したら?

① C=O結合の還元

ある物質が酸素と結合する、あるいは水素を奪われると、その物質は**酸化された**といいます。反対に酸素を奪われる、あるいは水素と結合すると、その物質は**還元された**といいます。

ケトンを水素で還元すると第二級アルコールになります。アルデヒドとカルボン酸は、還元すると第一級アルコールになります。

② C=O結合の酸化

アルデヒドは酸化されるとカルボン酸になります。一方、ケトンとカルボン酸はすでに十分酸化されており、それ以上酸化されることはありません。しかし蟻酸は例外で、ホルミル基をもつためアルデヒドの性質をあわせもち、還元性をもちます。

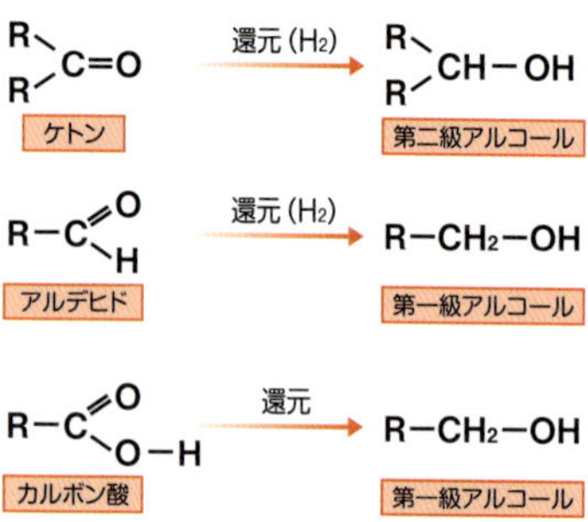

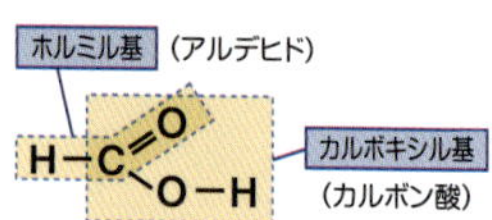

蟻酸は還元性をもつ

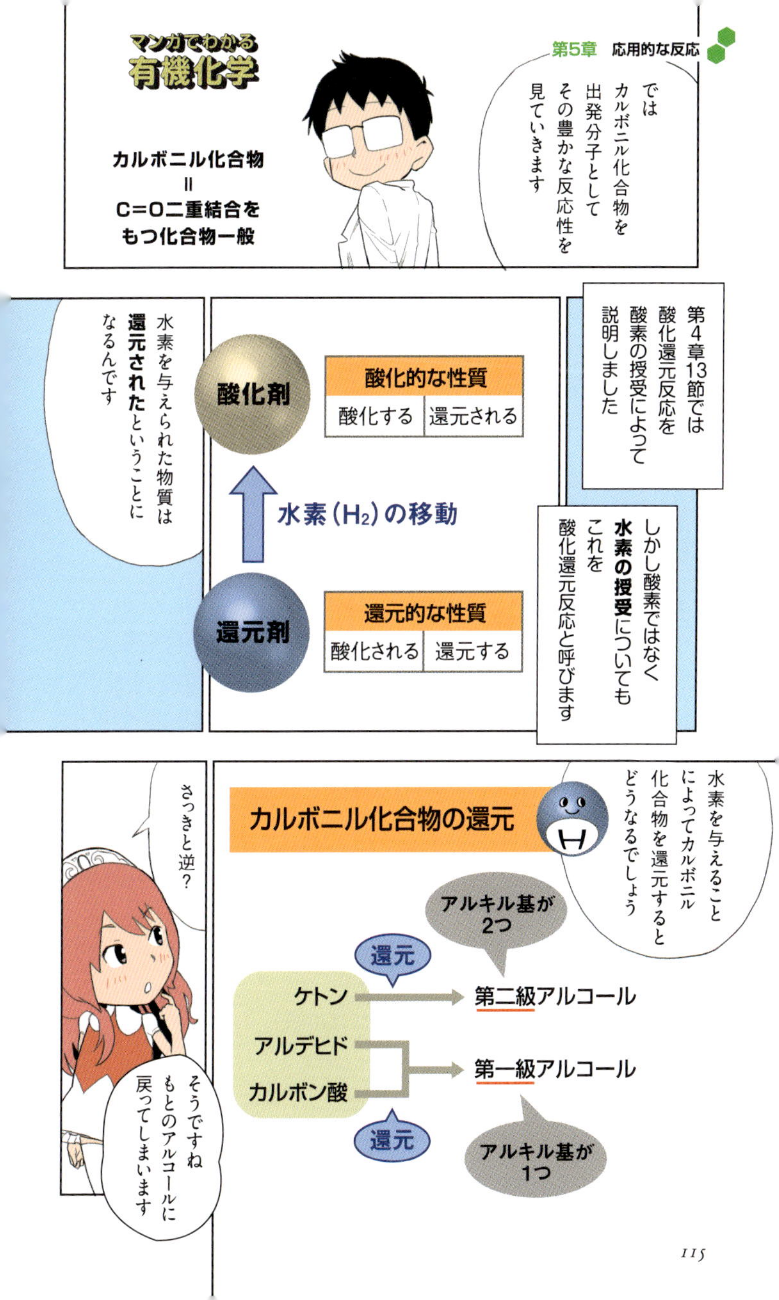
では
カルボニル化合物を
出発分子として
その豊かな反応性を
見ていきます
カルボニル化合物
＝
C=O二重結合を
もつ化合物一般
第４章13節では
酸化還元反応を
酸素の授受によって
説明しました
しかし酸素ではなく
水素の授受についても
これを
酸化還元反応と呼びます
酸化剤
酸化的な性質
酸化する
還元される
水素（H_2）の移動
還元剤
還元的な性質
酸化される
還元する
水素を与えられた物質は
還元されたということに
なるんです
水素を与えること
によってカルボニル
化合物を還元すると
どうなるでしょう
カルボニル化合物の還元
H
アルキル基が
2つ
還元
ケトン
第二級アルコール
アルデヒド
カルボン酸
第一級アルコール
還元
アルキル基が
1つ
さっきと逆？
そうですね
もとのアルコールに
戻ってしまいます

C=O結合への付加反応

① 結合分極とイオン性

カルボニル化合物は反応性が高く、各種の試薬と反応して生成物を与えるため、工業用の原料としても欠かせません。

C=O結合を構成する炭素（電気陰性度2.5）と酸素（3.5）は、電気陰性度が異なるため、**結合分極**しています。すなわち、炭素はプラスに荷電し、酸素はマイナスに荷電しています。この結果、カルボニル基の炭素は求核試薬の攻撃を受けやすくなっているのです。

② C=O結合への攻撃

試薬HXとC=O結合❶の反応を見てみましょう。HXから生じた求核試薬であるX^-は、プラスに荷電したCを攻撃します。この結果、C=O二重結合を構成する2組の結合電子対のうちの1組は酸素原子上に移動し、イオン中間体❷を生成します。❷にH^+が付加すると、生成物❸になります。

反応は、結局❶にHXが付加した形になり、X^-の求核攻撃によって開始されるので、このような反応を**求核付加反応**といいます。

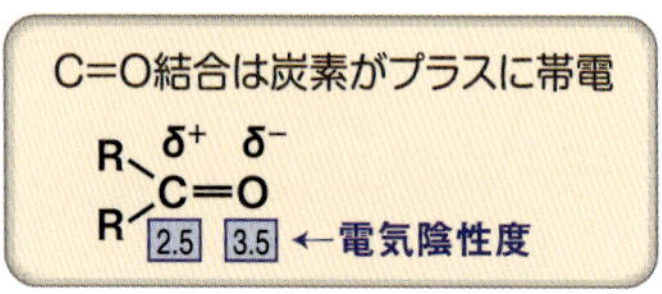

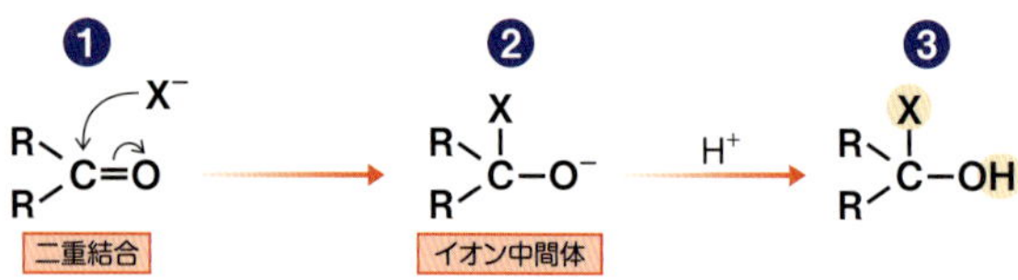

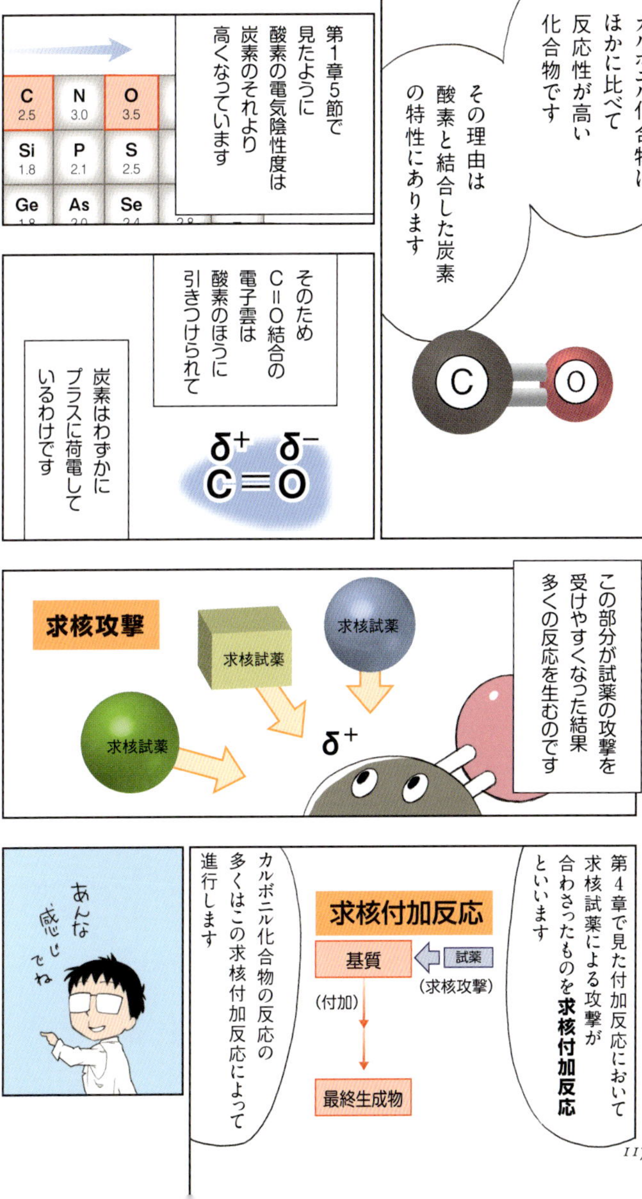
カルボニル化合物は ほかに比べて 反応性が高い 化合物です
その理由は 酸素と結合した炭素 の特性にあります
C
O
第1章5節で 見たように 酸素の電気陰性度は 炭素のそれより 高くなっています
C 2.5
N 3.0
O 3.5
Si 1.8
P 2.1
S 2.5
Ge
As
Se
そのため C=O結合の 電子雲は 酸素のほうに 引きつけられて
炭素はわずかに プラスに荷電して いるわけです
δ+ δ−
C=O
この部分が試薬の攻撃を 受けやすくなった結果 多くの反応を生むのです
求核攻撃
求核試薬
求核試薬
求核試薬
δ+
第4章で見た付加反応において 求核試薬による攻撃が 合わさったものを**求核付加反応** といいます
求核付加反応
基質
試薬
(求核攻撃)
(付加)
最終生成物
カルボニル化合物の反応の 多くはこの求核付加反応によって 進行します
あんな感じでね

求核付加反応のイロイロ

① アルコールの付加反応

アルコールの酸素はマイナスに荷電していますから、求核攻撃をすることができます。アルコールがケトンを攻撃するとイオン中間体❶となります。ここでHが移動すると**ヘミアセタール**❷になります。

② アミンの付加反応

アミンの窒素もマイナスに荷電しており、ケトンに求核付加して中間体❸を生成します。しかし❸にはOHと並んで窒素上にHが存在します。そのため、ただちに水を脱離してC=N二重結合をもった生成物❹を生成します。C=N二重結合をもった化合物を一般に**イミン**といいます。

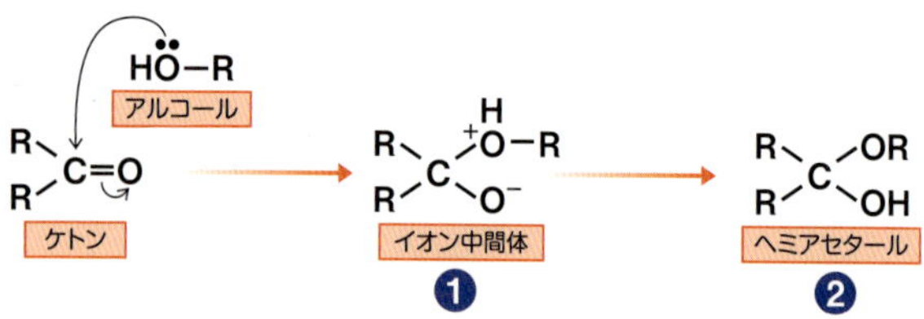

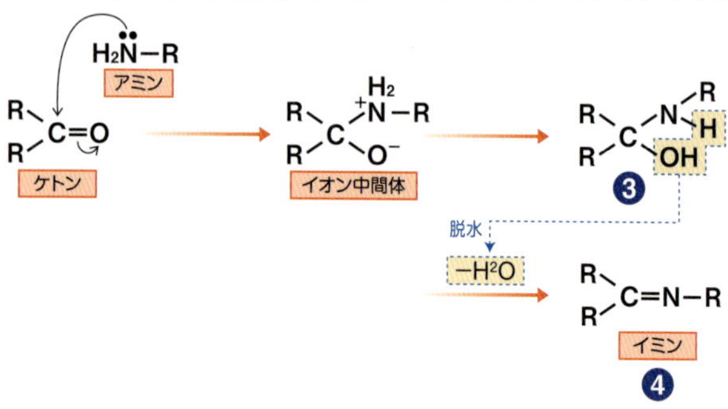

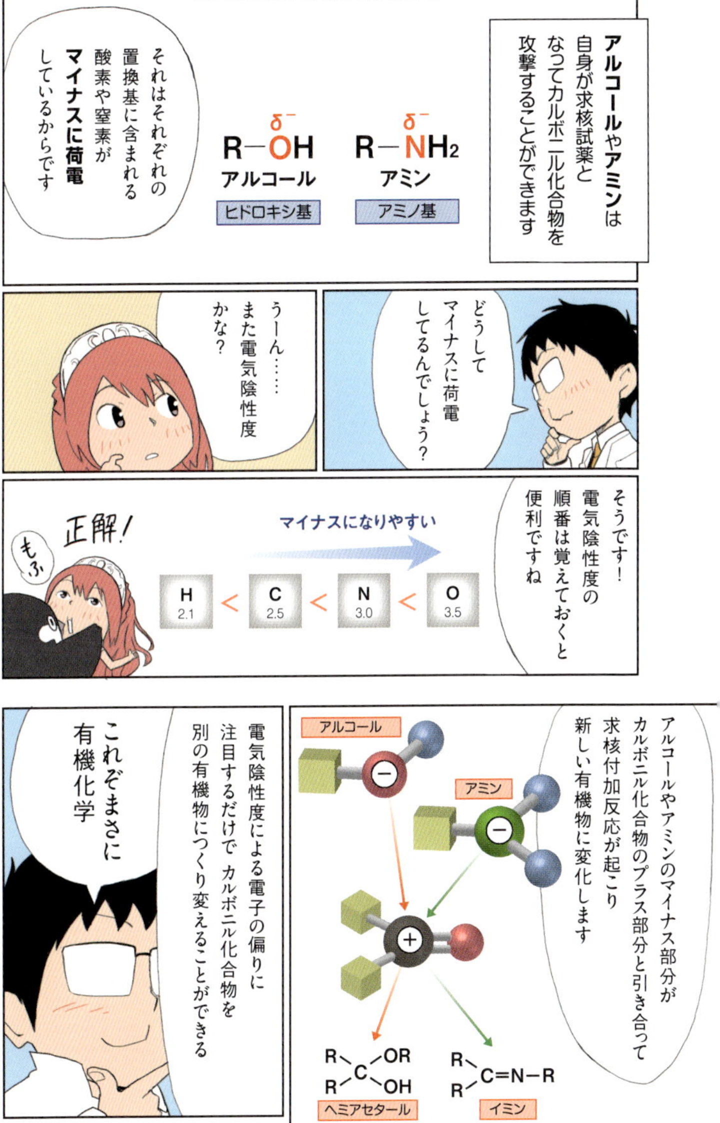

アルコールやアミンは自身が求核試薬となってカルボニル化合物を攻撃することができます
δ− R−OH アルコール
ヒドロキシ基
δ− R−NH2 アミン
アミノ基
それはそれぞれの置換基に含まれる酸素や窒素がマイナスに荷電しているからです
どうしてマイナスに荷電してるんでしょう？
うーん……また電気陰性度かな？
そうです！電気陰性度の順番は覚えておくと便利ですね
マイナスになりやすい
H 2.1 < C 2.5 < N 3.0 < O 3.5
正解！
もふ
アルコールやアミンのマイナス部分がカルボニル化合物のプラス部分と引き合って求核付加反応が起こり新しい有機物に変化します
アルコール
アミン
R, R, C, OR, OH
ヘミアセタール
R, R, C=N−R
イミン
電気陰性度による電子の偏りに注目するだけで カルボニル化合物を別の有機物につくり変えることができる
これぞまさに有機化学

グリニャール反応ってなんのこと?

① グリニャール反応

グリニャール反応は、カルボニル化合物❶をアルコール❷に変える反応であり、発見者の名前を取って名づけられました。操作が簡単で収率がいいので、合成反応によく用いられます。

反応は3段階で進みます。すなわち、**①グリニャール試薬の調製**、**②グリニャール試薬とC=O結合の反応**、**③生成した中間体の分解**です。

② グリニャール試薬の調製

金属マグネシウムMgにハロゲン化アルキル❸を作用させると、**グリニャール試薬**❹が生成されます。これは有機物と金属が結合した試薬であり、一般に**有機金属試薬**といわれます。

③ グリニャール試薬の反応

グリニャール試薬は、陰イオンR^-と陽イオンMgX^+からできています。R^-がカルボニル炭素を求核攻撃し、イオン中間体❺を生成します。❺を加水分解すると、最終生成物のアルコール❷が生成されます。この反応に関しては、第9章でもう一度くわしく解説します。

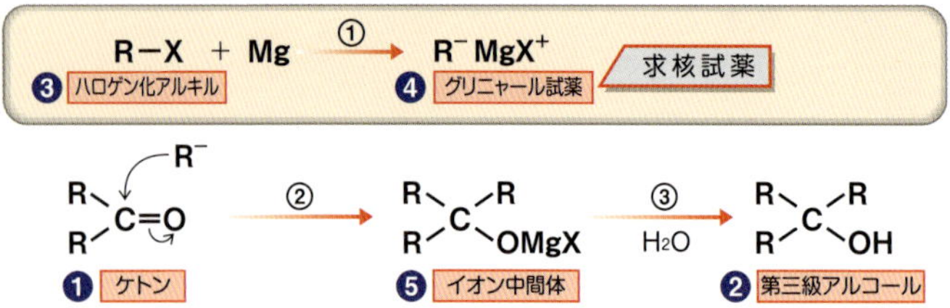

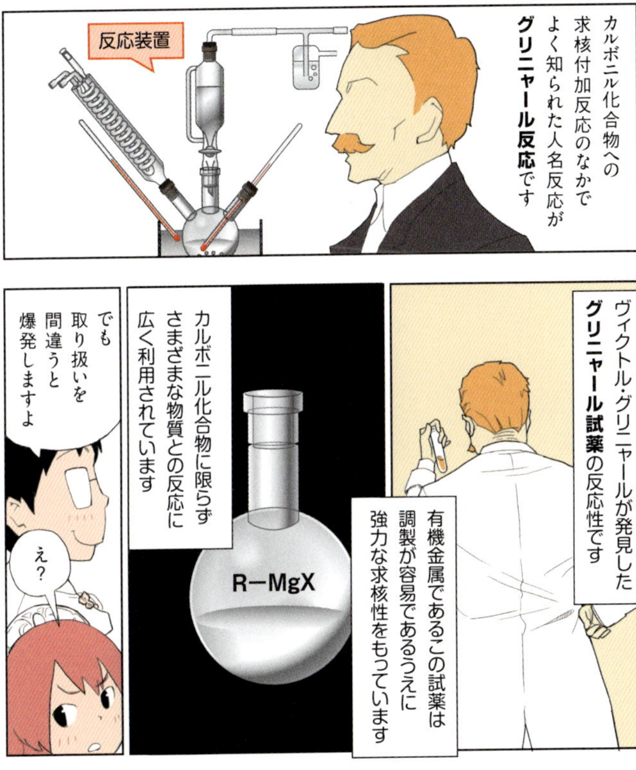
反応装置
カルボニル化合物への求核付加反応のなかでよく知られた人名反応が**グリニャール反応**です
なにがすぐれているかといえばヴィクトル・グリニャールが発見した**グリニャール試薬**の反応性です
有機金属であるこの試薬は調製が容易であるうえに強力な求核性をもっています
カルボニル化合物に限らずさまざまな物質との反応に広く利用されています
R−MgX
でも取り扱いを間違うと爆発しますよ
え？

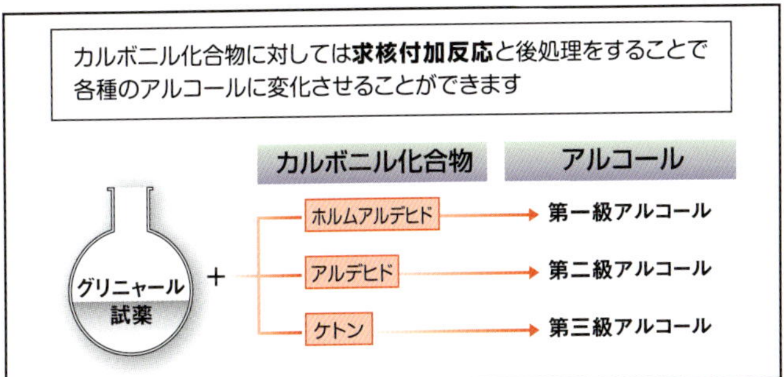
カルボニル化合物に対しては**求核付加反応**と後処理をすることで各種のアルコールに変化させることができます
カルボニル化合物
アルコール
グリニャール試薬
+
ホルムアルデヒド
第一級アルコール
アルデヒド
第二級アルコール
ケトン
第三級アルコール

ベンゼンは求電子置換反応をします

① ニトロ化

ベンゼンは安定な骨格です。そのためベンゼンはこの骨格を壊そうとはしません。すなわち、付加反応で二重結合を消したり、脱離反応で二重結合を増やしたりはしないということです。

この結果、ベンゼンの行う反応は**置換反応**ということになります。ベンゼンの置換反応の代表的なものに**ニトロ化**があります。

② 反応機構

ベンゼンに硝酸と硫酸を作用させると、**ニトロベンゼン**が生成されます。反応は硝酸から生じたNO_2^+がベンゼンを攻撃して陽イオン中間体を生成します。このように、求電子試薬による置換反応を**求電子置換反応**（S_E反応）といいます。

構造式についた小さな矢印は電子対の動きを表すもので、試薬の機械的な動きを表すものではありません。そのため、矢印はベンゼンの二重結合からNO_2^+に向かっています。

中間体からH^+が外れると、ニトロベンゼンが生成されます。

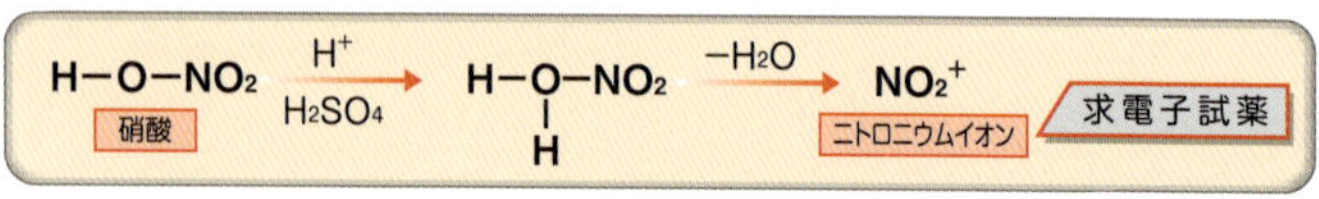

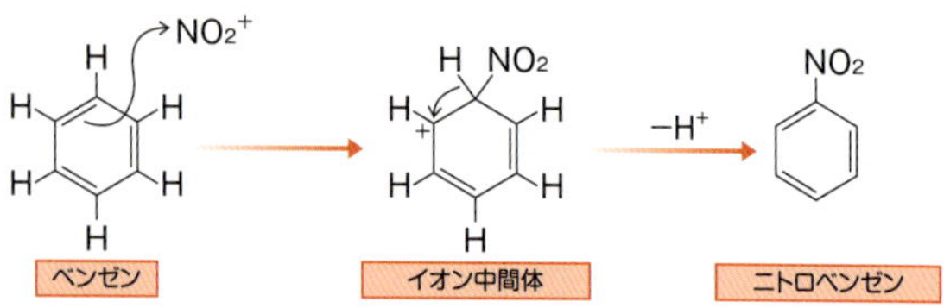

さて後半戦

ここからの出発分子であるベンゼンの特徴をまず2つ挙げてみます

その1 安定な骨格

共役の構造をもっているので

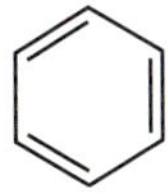

その2 豊富な電子

二重結合がたくさんあるので

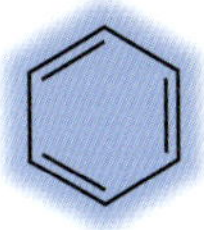

ベンゼンがもつ2つの特徴が反応性を限定的なものにします

安定な骨格 ⇦ あえて骨格を変えるような反応(付加・脱離)はしない ⇦ 原子の種類を置き換えるだけの**置換反応**をする

豊富な電子 ⇦ さらに電子を増やすような反応はしない ⇦ 電子を奪いにくる**求電子試薬**の攻撃だけを受ける

ベンゼンは求電子置換反応をする

第4章では
求核置換反応(**S_N反応**)を見ました
これは試薬が求核攻撃を行います

試薬が求電子(**E**lectrophilic)攻撃をするのが求電子置換反応(**S_E反応**)です

	種類	試薬
置換反応	S_N反応	求核試薬
	S_E反応	求電子試薬

一見 反応性のなさそうなベンゼンからでも求電子置換反応を使えば多くの化合物を合成することができるのです

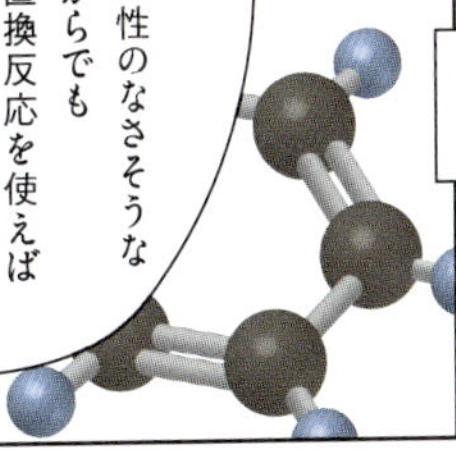

求電子置換反応のイロイロ

① スルホン化

ベンゼン環への求電子置換反応の反応機構は、すべてニトロ化と同様に進行します。違いは求電子試薬X^+の構造だけです。

ベンゼンに**濃硫酸**を作用させると、**ベンゼンスルホン酸**を生じます。硫酸から生成したSO_3H^+が、ベンゼンを攻撃します。反応機構はニトロ化と同じです。

② フリーデルークラフツ反応

2人の発見者の名前から名づけられた反応です。ベンゼンに塩化アルキルRClと塩化アルミニウム$AlCl_3$を作用させると、アルキルベンゼンが生成するというものです。ベンゼンにC—C結合を導入する反応として、合成的に重要です。

反応はまず、RClと$AlCl_3$が反応して錯イオン$[AlCl_4]^-R^+$が生成します。このR⁺が求電子試薬として反応します。

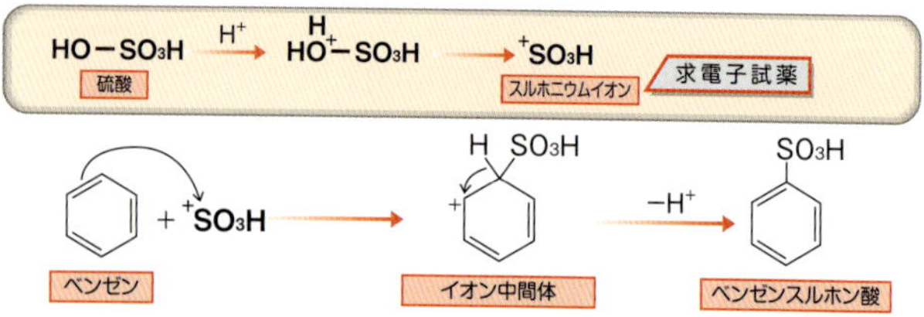

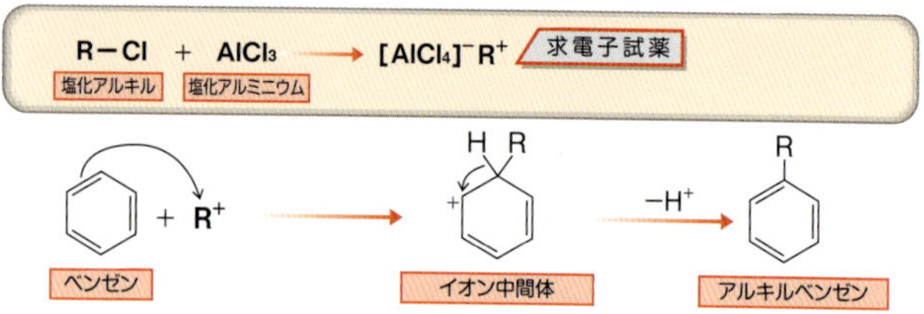

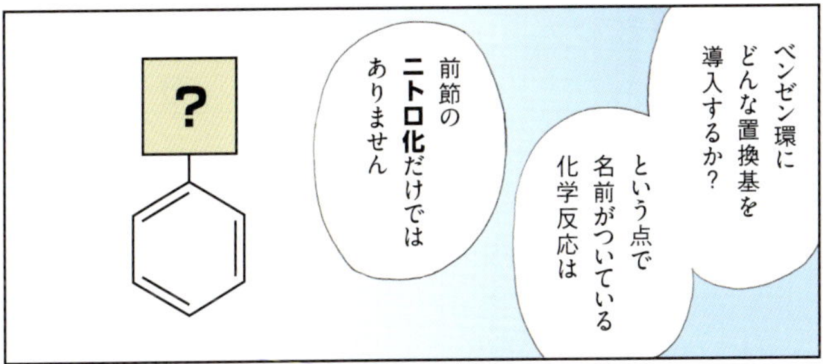

ベンゼン環にどんな置換基を導入するか？
という点で名前がついている化学反応は
前節の**ニトロ化**だけではありません
?

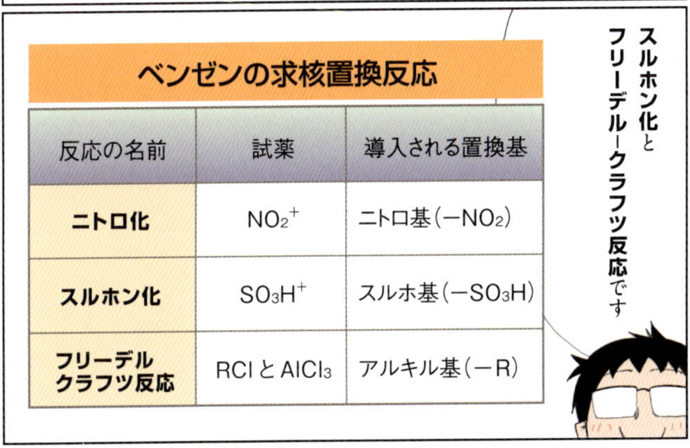

スルホン化と**フリーデル－クラフツ反応**です

ベンゼンの求核置換反応

反応の名前	試薬	導入される置換基
ニトロ化	NO_2^+	ニトロ基（$-NO_2$）
スルホン化	SO_3H^+	スルホ基（$-SO_3H$）
フリーデル－クラフツ反応	RCl と $AlCl_3$	アルキル基（－R）

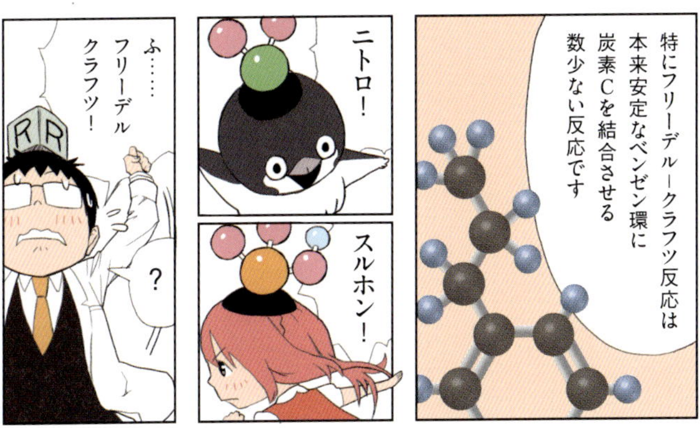

特にフリーデル－クラフツ反応は本来安定なベンゼン環に炭素Cを結合させる数少ない反応です
ニトロ！
スルホン！
ふ……フリーデルクラフツ！
R R
？

官能基も変化します

① 酸化・還元反応

官能基は化学反応によって別の官能基に変化します。

アルキルベンゼンを酸化すると、**アルキル基**が酸化されて**カルボキシル基**になり、安息香酸になります。

一方、ニトロベンゼンをスズSnと塩酸HClで還元すると、**ニトロ基**が**アミノ基**に変化し、アニリンを生成します。これはSnとHClの反応で生じた水素が、**還元剤**として働いた結果です。

② シアノ基・ヒドロキシル基の合成

カルボキシル基は**シアノ基**に変化します。すなわち、安息香酸にアンモニアを作用させ、生じたアミドに五酸化リンP_2O_5を作用させると脱水反応が起きて、ベンゾニトリルを生成します。

ベンゼンスルホン酸と水酸化ナトリウムを、溶媒のない状態で混ぜて加熱すると（**溶融**といいます）フェノールのナトリウム塩となります。これを水で分解するとフェノールとなります。

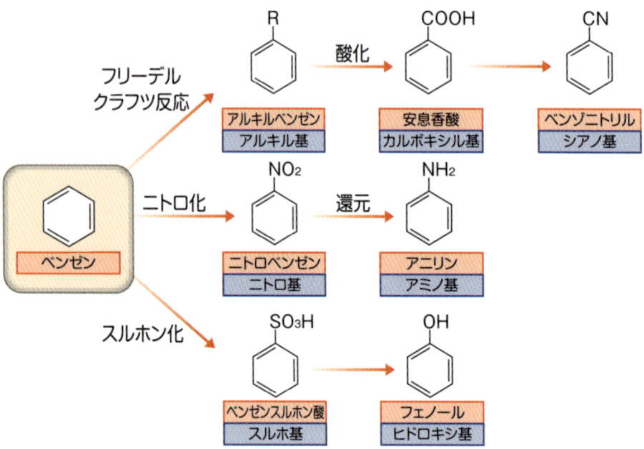

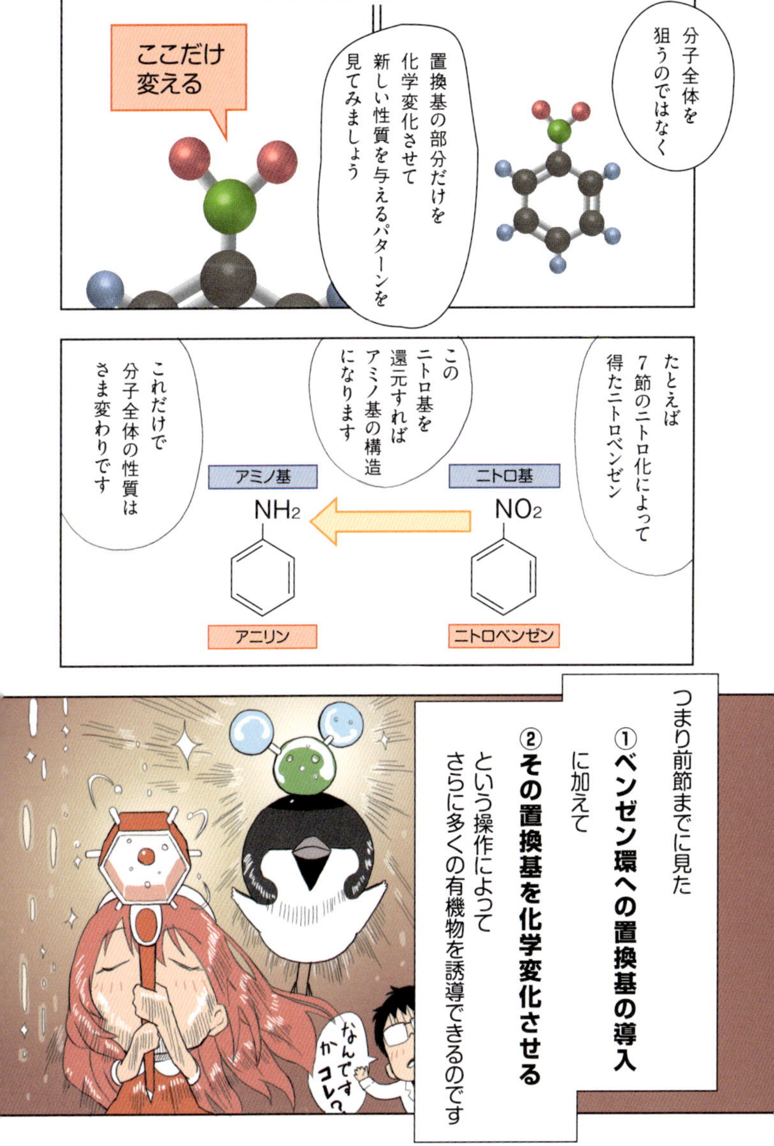

分子全体を狙うのではなく
置換基の部分だけを化学変化させて新しい性質を与えるパターンを見てみましょう
ここだけ変える
たとえば7節のニトロ化によって得たニトロベンゼン
このニトロ基を還元すればアミノ基の構造になります
ニトロ基
NO_2
ニトロベンゼン
アミノ基
NH_2
アニリン
これだけで分子全体の性質はさま変わりです
つまり前節までに見た
①ベンゼン環への置換基の導入
に加えて
②その置換基を化学変化させる
という操作によって
さらに多くの有機物を誘導できるのです
なんですかコレ?

ジアゾニウム塩の反応

① サンドマイヤー反応

アニリンに塩酸と亜硝酸ナトリウムを作用させると塩化ベンゼンジアゾニウム❶が生成します。❶を用いると各種のベンゼン誘導体を合成することができます。たとえば、❶を酸で処理するとフェノールになります。

❶と銅塩の反応を**サンドマイヤー反応**といいます。❶とハロゲン化銅CuX、あるいはシアン化銅CuCNを反応すると、それぞれハロゲン化ベンゼン、ベンゾニトリルが生成されます。

② カップリング反応

❶とアニリンやフェノールを反応させると、置換体が生成されます。この反応を**カップリング反応**といいます。生成物は一般に鮮やかな色彩をもっていることから、アゾ染料と呼ばれて各種の顔料や染料に用いられます。

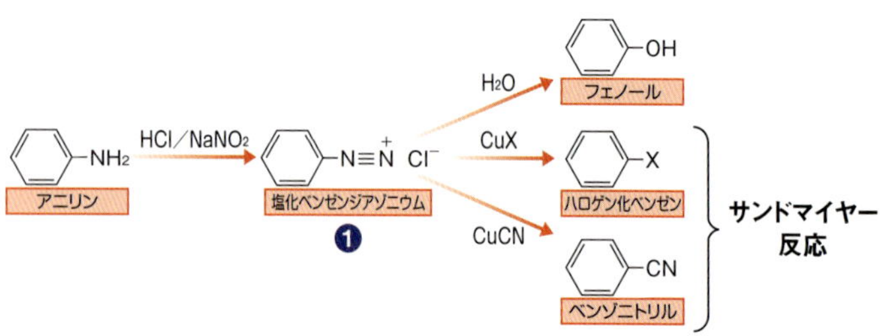

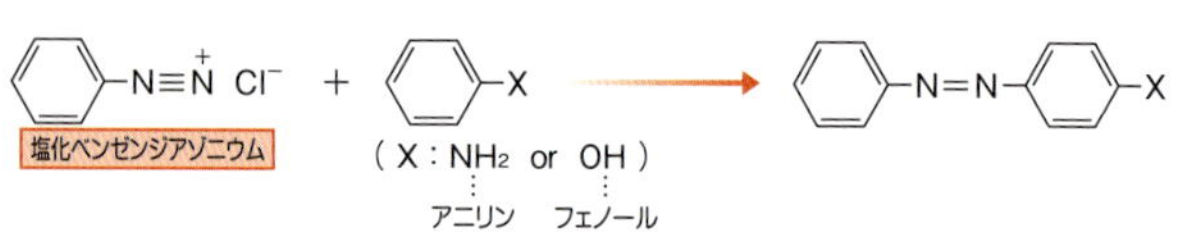

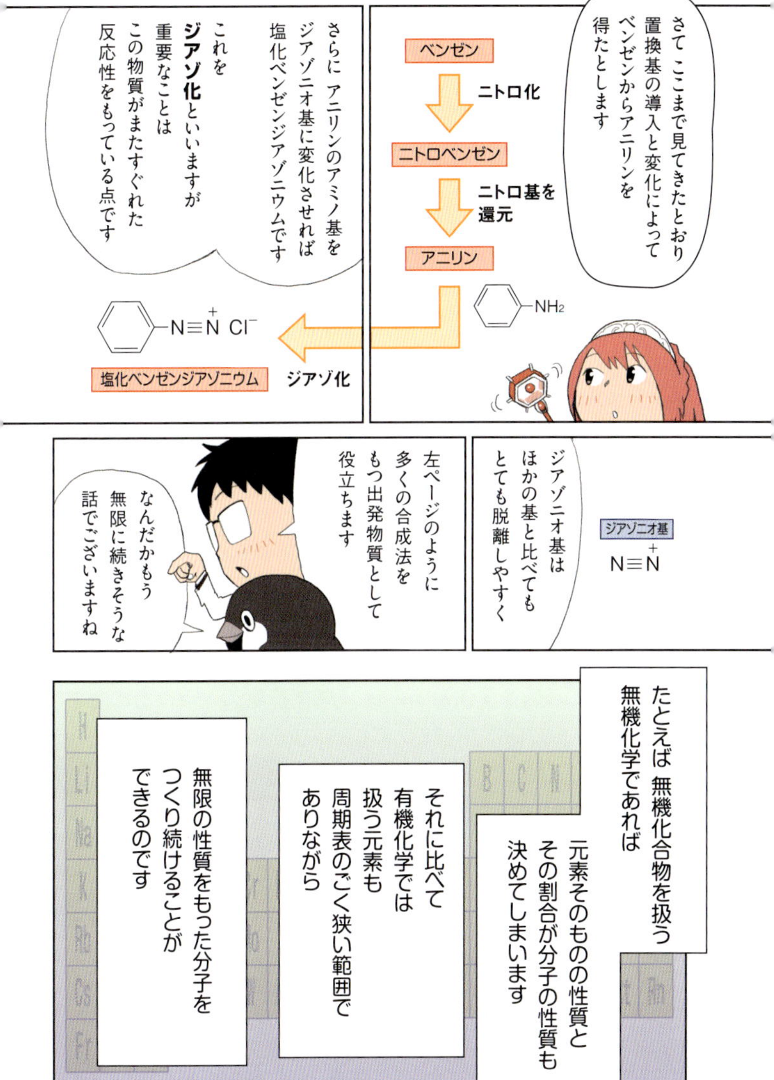
さて ここまで見てきたとおり 置換基の導入と変化によって ベンゼンからアニリンを 得たとします
ベンゼン
ニトロ化
ニトロベンゼン
ニトロ基を還元
アニリン
NH2
さらに アニリンのアミノ基を ジアゾニオ基に変化させれば 塩化ベンゼンジアゾニウムです
これを ジアゾ化といいますが 重要なことは この物質がまたすぐれた 反応性をもっている点です
N≡N+ Cl−
ジアゾ化
塩化ベンゼンジアゾニウム
ジアゾニオ基は ほかの基と比べても とても脱離しやすく
ジアゾニオ基
N≡N+
左ページのように 多くの合成法を もつ出発物質として 役立ちます
なんだかもう 無限に続きそうな 話でございますね
たとえば 無機化合物を扱う 無機化学であれば
元素そのものの性質と その割合が分子の性質も 決めてしまいます
それに比べて 有機化学では 扱う元素も 周期表のごく狭い範囲で ありながら
無限の性質をもった分子を つくり続けることが できるのです

Column

二日酔い

生体は化合物を酸化し、そのとき発生するエネルギーを用いて生命活動を行っています。

お酒を飲むとエタノールが酸化されてアセトアルデヒドになります。この反応にはアルコール酸化酵素が働いています。アセトアルデヒドはアルデヒド酸化酵素によって酸化されて酢酸になり、最終的に二酸化炭素と水になります。

体に悪いのはアセトアルデヒドであり、これが二日酔いのもとといわれています。ですから、二日酔いにならないためには生成したアセトアルデヒドをただちに酢酸にしてやればよいわけであり、そのためにはアルデヒド分解酵素がたくさんあればよいことになります。

ところがこの酵素の量は遺伝的に決まっており、少ない人は訓練？をしても増えはしないようです。ですからご両親がお酒に弱い方はあまり無理をしないで、ウーロン茶でお茶をにごしているほうが賢明ということになるでしょう。またこのような方に無理にお酒をすすめるのは、傷害行為のようなものです。気をつけましょう。

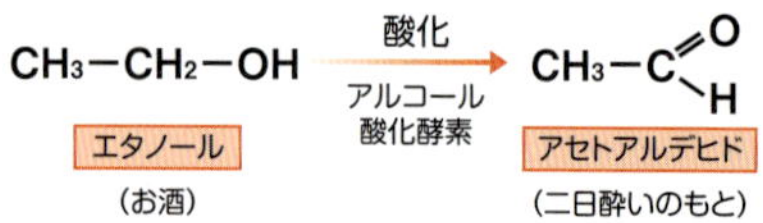

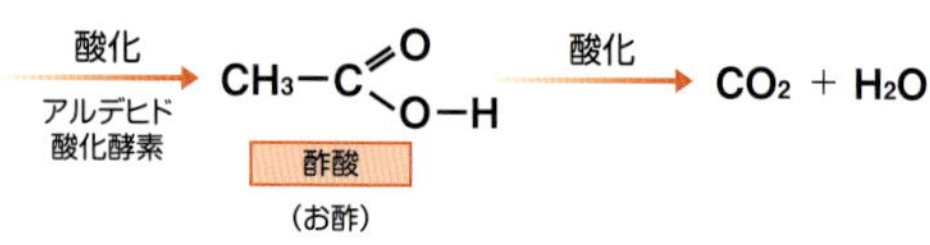

6
CHAPTER

新しい有機化学

現代の有機化合物はスゴイです。電気を通し、超伝導体になり、半導体になり、磁石になり、光を発します。液晶テレビ、有機 EL テレビ、有機太陽電池、これらはすべて有機物です。ここでは有機分子が結合した超伝導体が活躍しています。

6 CHAPTER 1 SECTION

分子って集合すると変わるの?

① 固体と集合

有機物は**電気**を通しません。有機物は磁石に吸いつきません。長いことこれは"化学の常識"でした。しかし現在、この常識は完全にくつがえされました。

有機物は電気を通します。2000年のノーベル化学賞に輝いた白川博士の業績は、金属なみに電気を通す導電性高分子の発見でした。いまや有機物が電気を通すのは"化学の常識"です。

それどころではありません。現在では有機物の**超伝導体**もつくられているのです。それも何十種類も。もちろん、超伝導体は、電気抵抗0で電気を通す物質です。

磁性に関しても同様です。現在では磁石に吸いつく有機物は何種類もあります。有機物は変わっているのです。

この章ではこのような新しい有機物を見ていきましょう。

② 分子集合体

分子は人間に似ています。人間は1人の人間としてそれぞれに個性があります。しかし集団になると、また別のパワーを発揮します。分子も同様です。1個の分子としての物性、機能があると同時に、集団としての機能や物性があります。

水分子を構成する原子の結合角度、結合距離は1個の分子を調べればわかります。しかし、水の融点・沸点は1個の分子を調べたのでは決してわかりません。これらは集団になって初めて現れる性質なのです。

新しい有機化学はこのような分子集団の性質に根ざすものが多くあります。どのようなものか、見ていくことにしましょう。

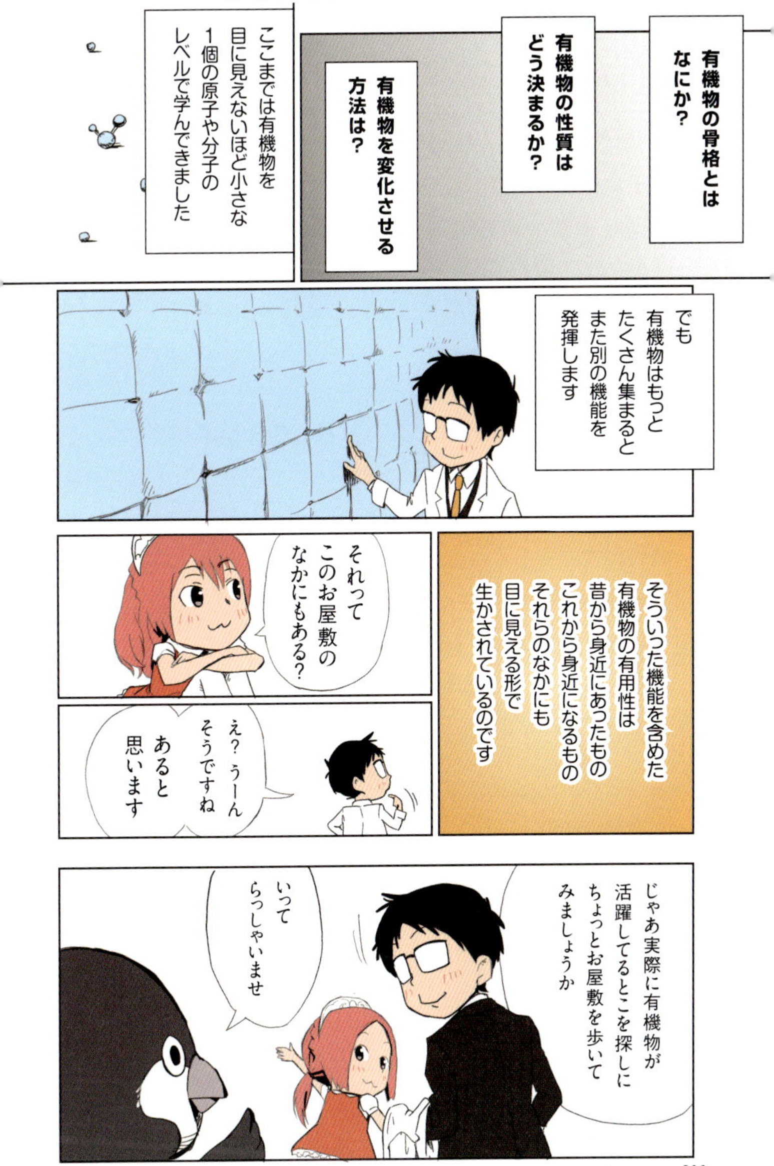
有機物の骨格とはなにか？
有機物の性質はどう決まるか？
有機物を変化させる方法は？
ここまでは有機物を目に見えないほど小さな1個の原子や分子のレベルで学んできました
でも有機物はもっとたくさん集まるとまた別の機能を発揮します
そういった機能を含めた有機物の有用性は昔から身近にあったものこれから身近になるものそれらのなかにも目に見える形で生かされているのです
それってこのお屋敷のなかにもある？
え？うーんそうですねあると思います
じゃあ実際に有機物が活躍してるとこを探しにちょっとお屋敷を歩いてみましょうか
いってらっしゃいませ

分子が集まると膜になる

① 親水性分子と疎水性分子

分子は集まって膜になります。これはシャボン玉になって子供の夢を育て、細胞膜になって生命を育てます。

酢酸は水に溶けますが油（灯油、アルカン）は溶けません。酢酸が水に溶けるのは酢酸が水と同じ結合分極をもったイオン性分子だからです。油にはそのような性質がないので溶けません。

② 両親媒性分子

ところが、1分子のなかに水に溶ける**親水性部分**と溶けない**疎水性部分**をもつ分子があります。このような分子を**両親媒性分子**といいます。界面活性剤ともいい、石けんはその一例です。

両親媒性分子を水に溶かすと親水性部分は水中に入りますが、疎水性部分は入りません。その結果分子は水面に並ぶことになります。濃度を上げると水面は両親媒性分子で覆われます。

この状態を上から見ると、まるで分子からできた膜のように見えます。この状態を**分子膜**というのです。

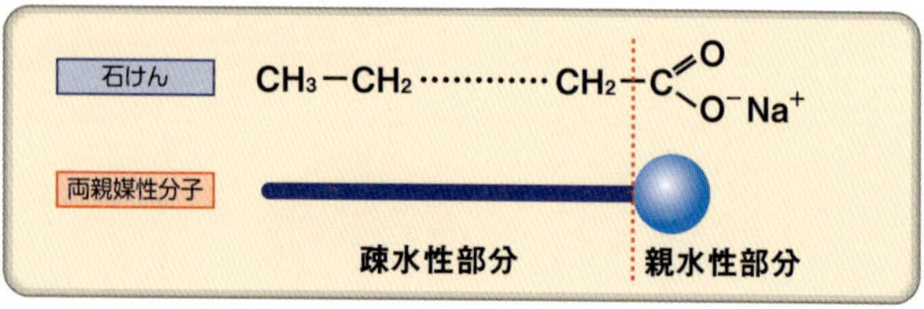

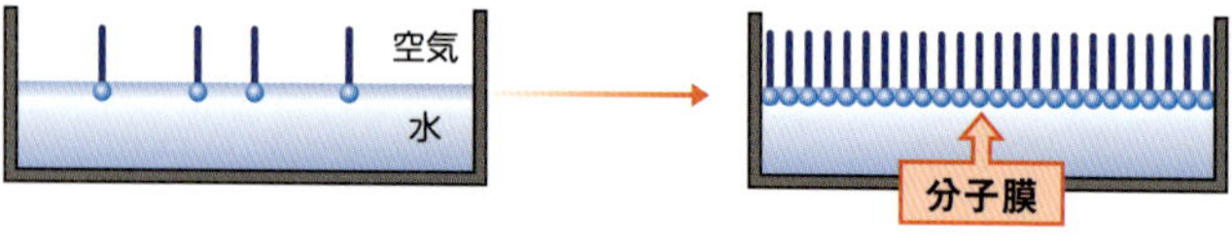

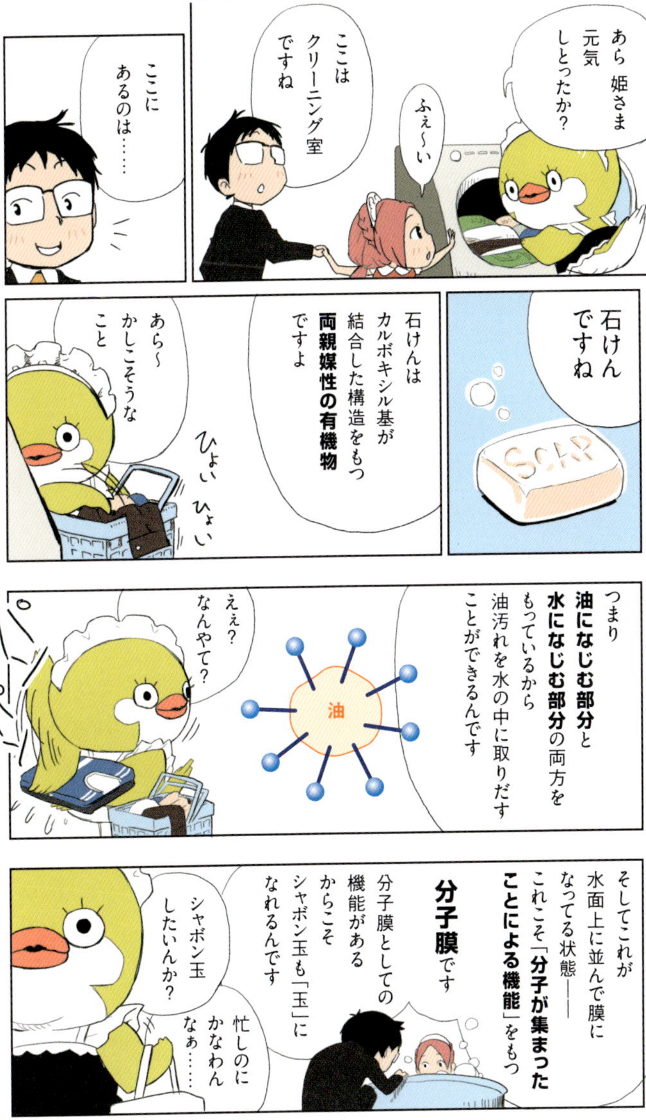
あら 姫さま
元気
しとったか？
ふぇ〜い
ここは
クリーニング室
ですね
ここに
あるのは……
石けん
ですね
SOAP
石けんは
カルボキシル基が
結合した構造をもつ
両親媒性の有機物
ですよ
あら〜
かしこそうな
こと
ひょい
ひょい
つまり
油になじむ部分と
水になじむ部分の両方を
もっているから
油汚れを水の中に取りだす
ことができるんです
油
ええ？
なんやて？
そしてこれが
水面上に並んで膜に
なってる状態——
これこそ「**分子が集まった
ことによる機能**」をもつ
分子膜です
分子膜としての
機能がある
からこそ
シャボン玉も「玉」に
なれるんです
シャボン玉
したいんか？
忙しのに
かなわん
なぁ……

シャボン玉と細胞膜

① 二分子膜

分子膜は重なることができます。これを**二分子膜**といいます。

シャボン玉は二分子膜でできた袋です。分子膜は親水性部分を接するようにして重なります。そしてこの間に水分子が入ります。ですからシャボン玉は、分子膜―水―分子膜でできた3層構造の袋に空気の入ったものと見ることができます。

② 細胞膜

細胞膜も二分子膜でできた袋ですが、細胞膜では疎水性部分で接しています。細胞膜には糖やタンパク質など、多くのものが存在しています。しかし、これらのものは細胞膜に結合しているわけではありません。細胞膜にはさみ込まれているだけなのです。そのため、はさみ込まれたものは自由に移動することができます。

それどころか、細胞膜を構成する分子自身は結合などしていません。集まっているだけなのです。分子は分子間力の弱い力で引き合っているだけです。このような自由な構造であることが細胞膜の大きな特徴なのです。

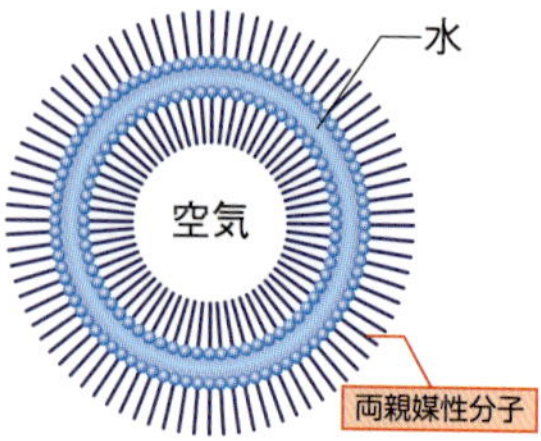

シャボン玉

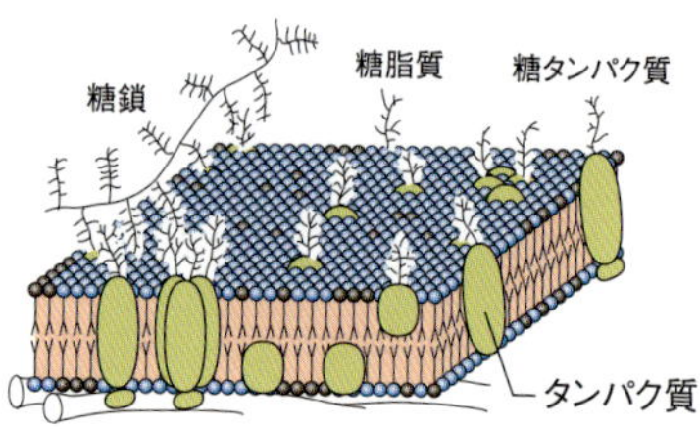

細胞膜

フーーッ
シャボン玉は分子膜―水―分子膜という3層でできています
分子膜
水
分子膜
空気
分子膜は2つ重なることができその間になにか適当なものを包むことが可能です
水
結合してるわけじゃないっていうところが便利なんですよ
シャボン玉とは逆向きに重なった二分子膜として有名なのが人の体内にある細胞膜
タンパク質など
はい今日はどうしました
カキカキ
医
小さくても壊れにくい人工の分子膜の開発は生命科学の進歩にも役立っています
熱はある？昨日は眠れたの？
カキカキ
カキ
医
副作用のない抗がん剤づくりなんかにね
熱がないならお帰りなさい
医
熱があるなら家でじっとしときなさい
医

液晶は小川のメダカ

① 液晶状態

水は低温では結晶（氷）であり、加熱すると融点で液体（水）になり、さらに加熱すると沸点で気体（水蒸気）になります。

ところがある種の分子は、このような変化をしません。結晶を加熱すると融点で溶けて流動的になるのですが、不透明です。さらに加熱して透明点になると液体になるのです。この融点から透明点の間の状態を**液晶状態**といいます。

② 液晶状態の特徴

上の温度変化からわかるように、液晶を冷却すれば結晶になって液晶の性質を喪失します。加熱して液体にしても同じです。

液晶状態の特徴は、**①液体と同様に流動性をもつ**が、**②分子はすべて同じ方向を向く**――ということです。小川のメダカを思い浮かべると、よくわかるでしょう。

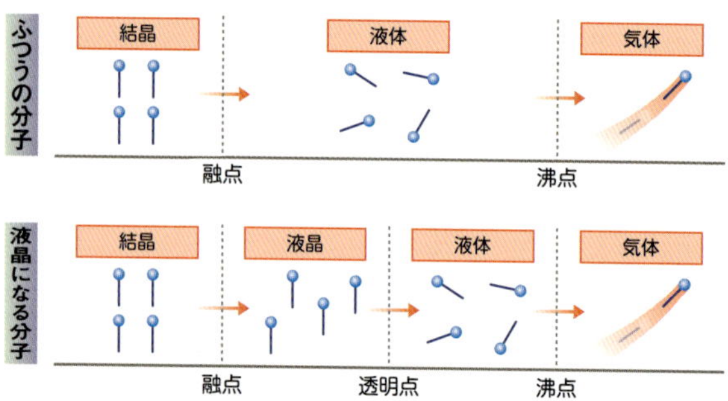

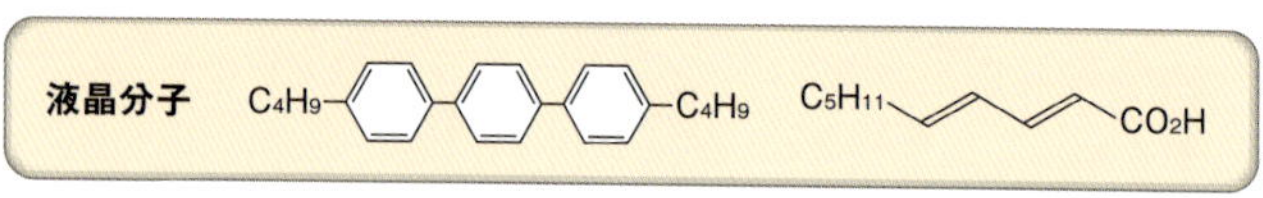

最近はどこにでも液晶ディスプレイを見かけますが
液晶っていうのは分子の状態のことなんですよ

まず**結晶**という状態にある分子は位置も向きも固定されたままです

結晶と液体

	結晶	液体
分子の位置	固定	流動
分子の向き	固定	流動

逆に 位置も向きも流動的になった状態が**液体**です

液晶とはその中間にあたる状態
つまり
分子の位置だけが流動的になったもののことをいいます

液晶

分子の位置	流動
分子の向き	固定

6 CHAPTER 5 SECTION

液晶表示のカラクリのナゾ

① 液晶分子の方向

液晶の最大の特徴は分子が一定方向を向いていることです。ところがこの方向は簡単に制御することができます。ガラスのケースに液晶を入れ、ガラスにすり傷をつけると、分子はその方向（方向❶）に並んでしまうのです。

ところがここに電流を通すと、今度は電流の方向（方向❷）に向きを変えます。そして電流を切ると、もとの状態（❶）に戻ります。

② 光の透過性

この状態に光を通します。液晶分子の向きが❶のときには光が通りませんから、観察者には画面は暗く（黒く）見えます。しかし電気を通すと分子の向きは❷となり、光を通すので画面は明るく（白く）見えます。この状態は電気のオン/オフで切り替えることができます。これが液晶表示の原理です。あとは画面を細分化して電気的に制御するという技術の領域になります。

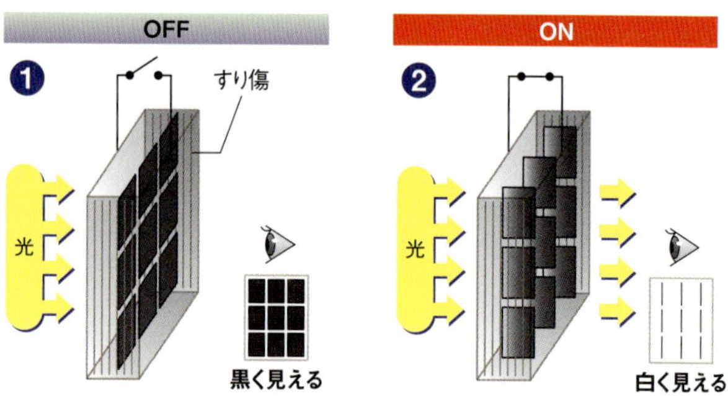

メダカの大群が泳ぐ様子をリモコンで操作できちゃう……なんてことあったらすごい！ って思いませんか
会議室
ギギギギギ…
液晶ディスプレイはそれができるようにつくられています
液晶パネルという小さなメダカの群れはスイッチ1つでいっせいに同じ向きに変わりそしてまたもとにも戻せます
企画会議
新感覚!!!
電線スポーツバラエティー
NG
NG
これがバックライトの光をさえぎったり通したりすることで画面の白黒を制御するというしくみです
たとえばこんなアイディアはどうだろう
局長
サッ
サッ
サッ
というのを期待しているのだがね……？
す
す
す
……

CHAPTER 6 SECTION 6

1個の分子でできた機械

① 分子トング

分子は回転し、異性化し、分子間力によってほかの分子と**結合**します。このような性質を利用すると、1個の分子でできた機械を設計することができます。

下図はそのようなものの簡単な例です。この図を見ればわかるとおり、パン屋さんでパンをはさむように、イオンをはさむトングです。

② 分子設計

重要なところはN=N二重結合部分です。ここはC=C結合と同じように**シス体**と**トランス体**の**異性現象**があります。すなわち、トランス体に紫外線をあてるとシス体になり、シス体を加熱するとトランス体に戻ります。

はさむ部分は多数の酸素をもった環状エーテルです。このような構造を**クラウンエーテル**といいます。王冠のように見えるからです。酸素は電気陰性度が高いのでマイナスに荷電し、そのため、プラスの金属イオンと静電引力で引き合います。

トランス体の状態では金属イオンをシッカリと保持することはできませんが、シス体になると可能です。そして加熱するとまたトランス体に戻ってイオンを離します。

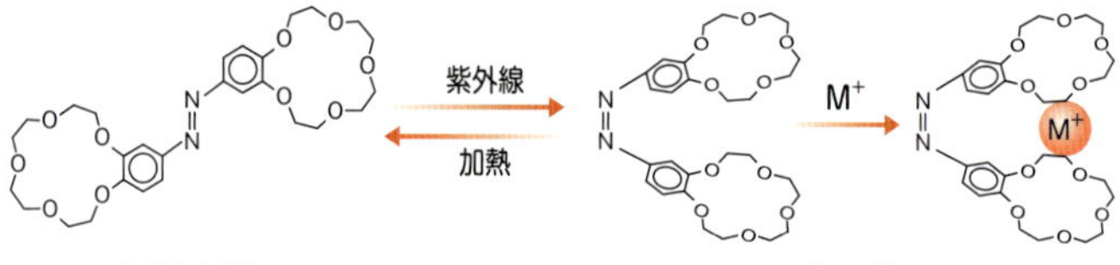

トランス体　　　　　　シス体

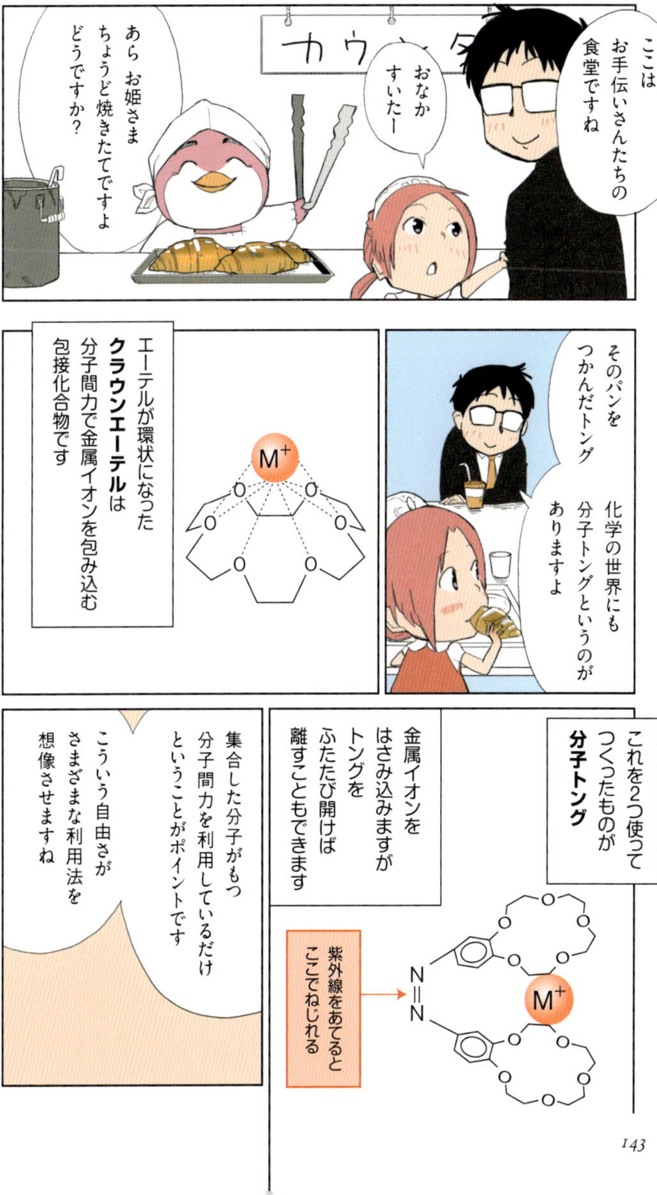
ここは
お手伝いさんたちの
食堂ですね
おなか
すいたー
あら　お姫さま
ちょうど焼きたてですよ
どうですか?
そのパンを
つかんだトング
化学の世界にも
分子トングというのが
ありますよ
エーテルが環状になった
クラウンエーテルは
分子間力で金属イオンを包み込む
包接化合物です
M^+
O
これを2つ使って
つくったものが
分子トング
金属イオンを
はさみ込みますが
トングを
ふたたび開けば
離すこともできます
紫外線をあてると
ここでねじれる
N=N
集合した分子がもつ
分子間力を利用しているだけ
ということがポイントです
こういう自由さが
さまざまな利用法を
想像させますね

6 CHAPTER 7 SECTION

有機ELは明日のテレビ

① 発光ダイオードと有機EL

ELはElectro Luminescenceの略で、**電気発光**の意味です。**発光ダイオード**(LED)の有機版と思えばよいでしょう。

発光ダイオードはガリウムGaやヒ素Asなどの無機物が電気エネルギーを光エネルギーに変えて発光するものですが、有機化合物もまったく同じ原理で発光させることができます。これを利用してつくったテレビが、フィルムのように曲げることもできるという超薄型テレビとして話題を呼ぶ**有機ELテレビ**です。

② エネルギーと発光

分子はすべてエネルギーをもっています。ここに電気エネルギーが加わると、分子はそのエネルギーをもらってより高エネルギーの状態になります。しかしこの状態は不安定であり、いつまでもその状態でいることはできません。

分子はまたもとの状態に戻りますが、そのとき余分なエネルギーを放出します。それが光となったのが有機ELなのです。2階に上がった住人が飛び降りて足を折るようなもの?です。

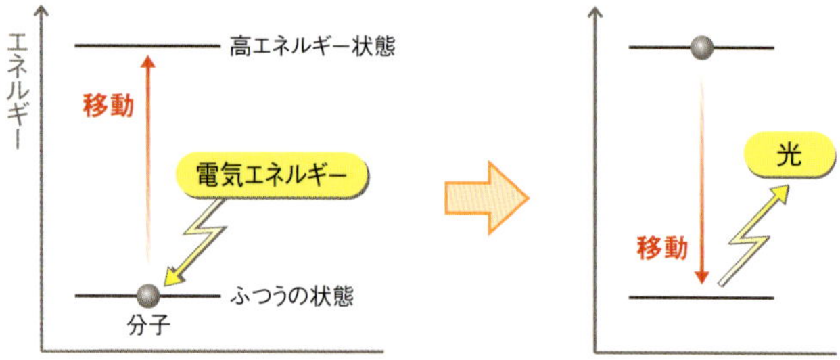

ガン
次の部屋は……
技術開発局
関係者以外立
姫 このお屋敷いったいどういうトコですか
ぺこり
ようこそ姫君 新技術の開発ぐあいをチェックでございますね
広報
おっ あれは
まずは有機ELについてですか？
ではさっそく担当の者を
ぺこり
有機ELテレビは液晶テレビとぜんぜん違いやす
最大の違いは材料となる有機物そのものが発光する素子だという点で
前面
透明電極
有機層（発光）
電極
背面
バックライトが不要
これが多くの利点を生むんでやす
長所
薄型化
視野角の広さ
省エネ
開発局にぜひ予算を
しっ！余計なことはいわんでいい
まああとは大型化の面での技術や採算ですよね
ぬっ！

有機物の太陽電池

① 太陽電池

太陽からは膨大なエネルギーが、熱と光の形で送られてきます。このうち、光エネルギーを電気エネルギーに換えて利用しようというのが**太陽電池**です。

現在の太陽電池はシリコンSiを用いたものですが、有機太陽電池は有機物でつくります。利点は軽く、柔軟で安価なことです。

② 太陽電池の原理

有機太陽電池の原理はシリコン太陽電池の原理と同じです。2種類の有機物を薄い層にして接合します。ここに太陽光があたると電子がそのエネルギーを受け取って、分子から飛びだします。

このようにしてできた自由電子は、外部の回路を通ってまたもとの状態に戻ります。このとき光から受け取ったエネルギーを与えて電球を点灯するのです。すなわち、電子の移動は電流そのものなのです。

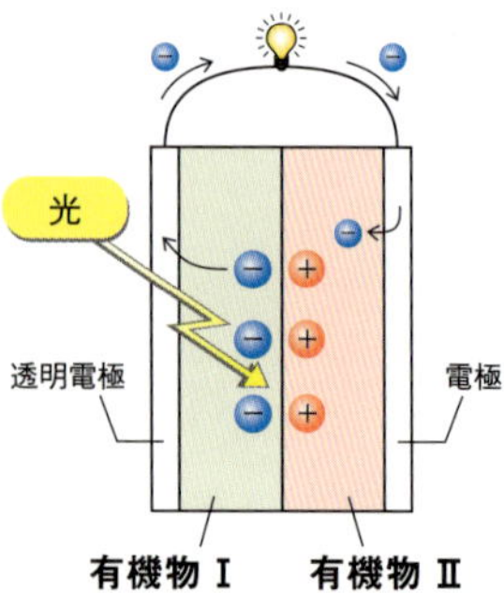

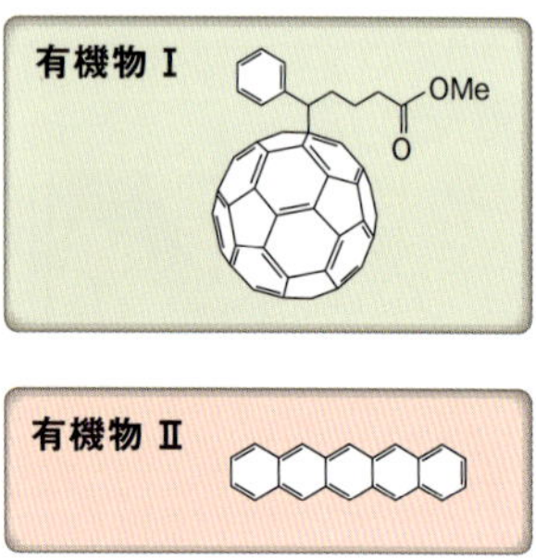

ほら姫 あそこの屋根 太陽電池が ついてます
太陽電池の分野でも 材料としての有機物は 将来性が期待されて いるんですよ
興味が おありですか?
バサバサ
わっ
有機太陽電池の利点はなにより 製造が簡単で安価なことです
有機ELと同様に 非情に軽く軟らかい点も特徴で 窓ガラスに透明な有機太陽電池を 貼りつける なんて商品開発も進んでいます
でもだいぶ実用的に なったとはいえ 光の交換効率はまだ 低いほうですね
ちょっとあなた! やっぱりどこかの「局」の まわし者ですね
太陽電池は実際 次世代のエネルギーとしては 最有力なんです! あとは設置率! みんなで買って 設置すれば 効率なんて もんは……
買えばいいんです!
そ そうですね 設置できる条件で見れば 有機物の太陽電池のほうが はるかにすぐれてますしね
ピピピ
また 「屋根を見る人」を 見つけた?
よし すぐ行く!

公害と有機化学

① 合成化学物質

すべての物質は原子が結合してできたものであり、**化学物質**です。一般に、化学物質というときには人間が人為的につくりだしたものを指すことが多いようです。ただし、ベンゼンやトルエンは自然界にあるものですが、化学物質といいます。

人類がつくりだした化学物質には多くの種類があり、そのなかには便利で有益なものとして大量につくられて利用されているものがあります。プラスチックなどは典型的な例になります。

② PCBとダイオキシン

かつてそのようなものとして利用されたものに、**PCB**(polychlorobiphenyl)がありました。PCBはじょうぶで絶縁性が高いことから全世界でトランスオイルなどとして大量に合成され、使用されました。ところが1960年代に日本で食用油に混入する事故が起き、多くの被害者がでたことから有害性が明らかになり、製造使用が禁止されました。

ところがあまりにじょうぶなため、分解されることなく現在も保管されたままになっています。早急な分解法の開発が望まれます。PCBとよく似た構造の**ダイオキシン**も有害です。これは塩素を含んだ物質が低温で燃焼するときに発生するといわれています。

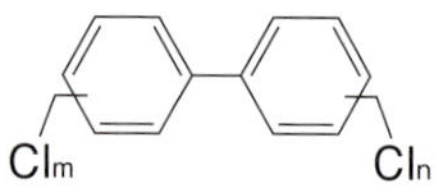

$1 \leqq m+n \leqq 10$

PCB

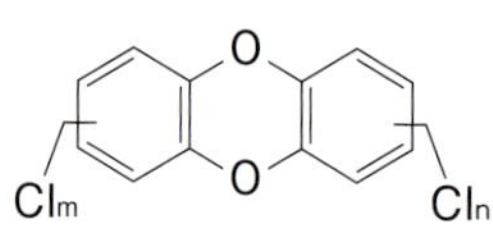

$1 \leqq m+n \leqq 8$

ダイオキシン

この際 お話ししておきますが
生活レベルでの科学技術の進歩には
立ち返るべき過去のあやまちと
見据えるべき未来の問題があるもんです
PCB（ポリ塩化ビフェニル）は人間が人間のためにつくりだした物質でありその利便性からあらゆるところで製品化されていました
Cl_m
Cl_n
見すごされた有害性
でも実際には人を助けるどころか生体に強い毒性を示すことがわかったんです
いまでも 古い蛍光灯のコンデンサに眠っていたり
認識不足の業者がほかのものといっしょに廃棄しているかもしれません
PCBは私たちが生みだした不発弾のようなものなんですよ
でもたくさんの先生がたくさんの人に教えてくれたら きっとだいじょうぶだね
……
それもそうですね
あ、いや、これが油断の始まりです

6 CHAPTER

10 SECTION

環境と有機化学

① 地球温暖化

地球の温度が上がっているといいます。このままの状態でいくと今世紀の末には平均気温が3度上がり、それによる海水の膨張によって海面が50cm上昇するといいますから大変です。

気温が上昇する理由はイロイロあるでしょうが、その1つは二酸化炭素の増大といわれています。

② 二酸化炭素の発生

石油が燃えたらどれくらいの二酸化炭素が発生するのか計算してみましょう。石油はアルカンの一種ですから、分子式は簡単に$(CH_2)_n$と近似できます。これが燃えると二酸化炭素CO_2と水H_2Oになります。

アルカン1分子の分子量は、近似分子式によれば14nとなります。一方、二酸化炭素の分子量は44です。反応式からわかるように、アルカン1分子が燃えるとn個の二酸化炭素が発生します。すなわち、分子量を比較すると14nのアルカンが44nの二酸化炭素になるのです。燃やした石油の3倍以上の重さの二酸化炭素が発生するのです。

灯油缶1杯、14kgの石油を燃やしたら44kg、巨大タンカー1隻分14万トンの石油を燃やしたら、44万トンの二酸化炭素が発生するのです。

$$H{-}(CH_2)_n{-}H + \frac{3}{2}nO_2 \longrightarrow nCO_2 + nH_2O$$

石油　14n

二酸化炭素　44n

燃料としての石油からは3倍の重さの二酸化炭素が発生します
二酸化炭素による地球の温暖化はいま 向き合うべき問題です
あらかじめ環境に配慮した製品づくりなど 社会ではより進んだ企業倫理と技術が求められています
私たちがいま送っている生活はいつも新しい問題を増やしながら進んでいるのかもしれません
しかし科学が生みだした問題を解決していくのもまた科学であってほしい私はそう思います
お帰りなさいませ 姫
お散歩は楽しかったですか?
ふぇい!

Column

フラーレンとカーボンナノチューブ

炭素の同素体としてはダイヤモンドやグラファイトがよく知られていましたが、1980年代になって新しいタイプの同素体が発見されました。フラーレンやカーボンナノチューブです。

フラーレンは炭素だけでできた球形あるいは回転楕円体(ラグビーボール型)の分子です。いろいろな大きさのものがありますが、もっとも有名なのはいちばん小さくて真球状の炭素60個からできたC_{60}フラーレンでしょう。この分子はサッカーボールのように六角形と五角形の単位構造から成り立っています。

カーボンナノチューブは非常に長い円筒状の分子であり、拡大して直径をストローほどにすると、長さは数メートルになります。六員環が連続したグラファイトを丸めて円筒にした構造ですが、両端はフラーレンと同様に五員環が混じり、球状になって閉じています。さらに、直径の異なる円筒が何層かに重なった入れ子式のものも発見されています。

フラーレンやカーボンナノチューブは、有機半導体や太陽電池の原料などとして期待されています。

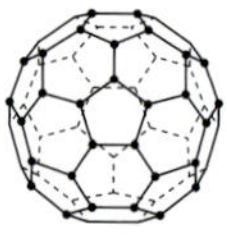

C_{60}フラーレン

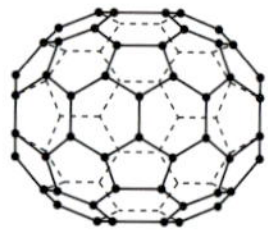

C_{78}フラーレン

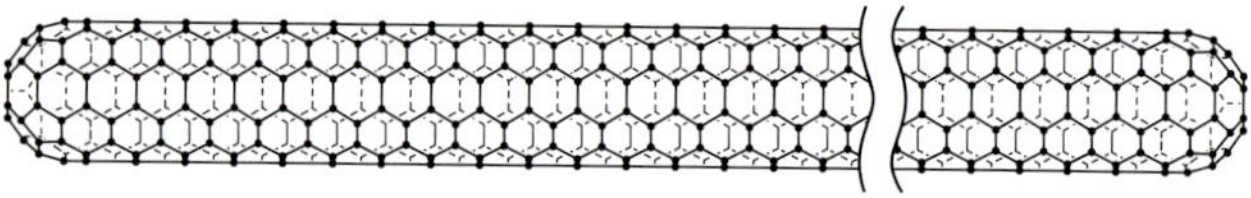

カーボンナノチューブ

7
CHAPTER

高分子化合物

みなさんが高分子と聞いて真っ先に思い浮かべるのは、おそらくプラスチックのことでしょう。PET もポリエチレンも高分子です。高分子なしの生活は、もはや考えられません。それどころか高分子がなければ、私たち自身が存在できないのです。デンプンやタンパク質はもちろん、DNA までもが高分子なのです。

高分子ってプラスチック？

① 低分子と高分子

私たちはプラスチックに囲まれて生活しています。化学ではプラスチックの仲間を**高分子**といいます。高分子は小さな単位分子がたくさん結合した分子です。高分子に対して、小さい単位分子を**低分子**といいます。

高分子の構造は鎖にたとえるとよくわかります。すなわち、

鎖のように長い分子だが、その構造は

⇒鎖のように同じ輪（低分子）が連結しただけ、なのです。

② 高分子の構造

高分子の典型として**ポリエチレン**があります。ポリエチレンをつくる単位分子は**エチレン**です。エチレンからポリエチレンができる様子を**下図**に示しました。エチレンの2個の炭素は二重結合で結合しています。この結合のうち1本が結合を解き、隣の分子と次々と結合すると、ポリエチレンになります。

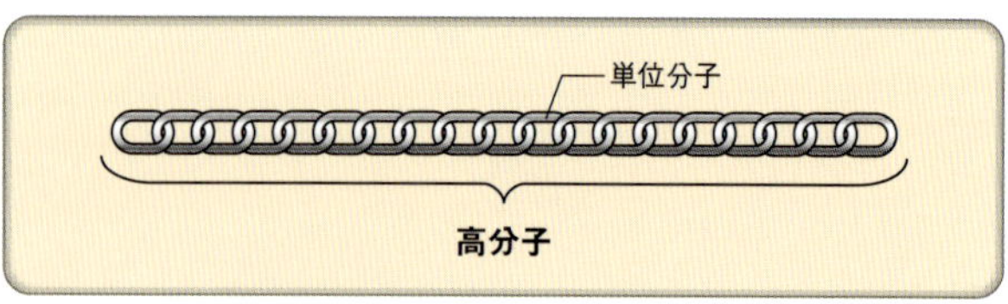

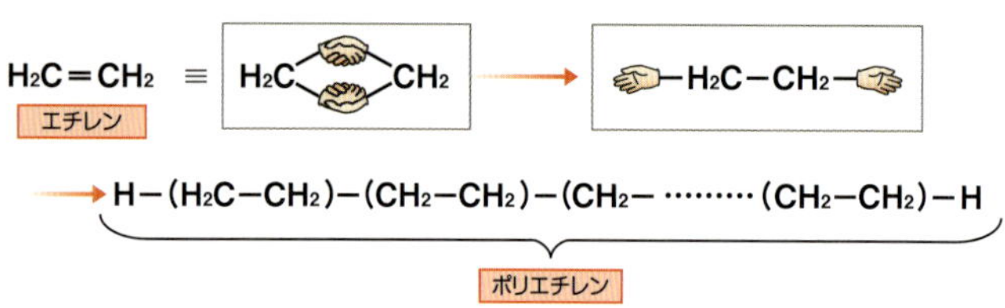

炭素は炭素同士でいくつでも結合することができる
これは炭素が有機物の骨格になれる利点の1つでした
この利点をそのまま生かしたものが高分子と呼ばれる巨大な分子です
ポイントは1単位としての低分子が同じものばかり連結して巨大な分子となる点です
こういう化学反応を重合といいます
数百、数千とつながる
たとえば前の章で紹介した分子膜の構造が ただ分子が接近したという集合にすぎなかったことに対して高分子は実際に低分子が共有結合しているという点が違います
単位となる低分子をモノマー重合して得た高分子をポリマーともいい
これらは第2章6節でも紹介した「1」と「たくさん」を表す言葉です
1 モノ
2 ジ(ビ)
3 トリ
4 テトラ
5 ペンタ
6 ヘキサ
7 ヘプタ
8 オクタ
9 ノナ
10 デカ
たくさん ポリ
第7章では高分子の種類と性質を紹介していきましょう

高分子って どんな種類があるの?

① 天然高分子

高分子はプラスチックだけではありません。合成繊維や合成ゴムも高分子です。高分子は人間がつくりだしたものだけではありません。天然ゴムもデンプンもタンパク質も、DNAも高分子です。天然に存在する高分子を**天然高分子**といいます。

② 合成高分子

人間が化学的につくりだした高分子を**合成高分子**といい、大きく**熱可塑性樹脂**と**熱硬化性樹脂**に分けることができます。熱可塑性樹脂はさらに合成繊維、汎用樹脂、エンプラ（エンジニアリングプラスチック、工業用高分子）に分類できます。

合成高分子のうち、特定の機能を重視したものを**機能性高分子**といいます。電気を通す伝導性高分子、水を吸収する高吸水性高分子、細菌で分解する生分解性高分子などです。

また、汎用樹脂、エンプラ、熱硬化性樹脂、機能性樹脂をあわせてプラスチックと呼ぶこともあります。

種類			高分子名	用途	
天然高分子			多種類タンパク質、核酸	食用、繊維	
合成高分子	合成ゴム		SBR、NBS	タイヤ、シート	
合成高分子	熱可塑性樹脂	合成繊維	ナイロン、ポリエステル、ポリアクリロニトリル	繊維、衣料	
合成高分子	熱可塑性樹脂	汎用樹脂	ポリエチレン、ポリスチレン、ポリプロピレン	家庭用雑品	プラスチック
合成高分子	熱可塑性樹脂	エンプラ	PET、ポリエステル、ポリアミド	機械、電気製品	プラスチック
合成高分子	熱硬化性樹脂		フェノール樹脂、メラミン樹脂	食器、建材	プラスチック
合成高分子	機能性樹脂		高吸水性高分子、イオン交換樹脂	オムツ、淡水化	プラスチック

またお屋敷を歩いていろんな製品を集めてみましたよ
高分子の性質を利用したものはそこらじゅうにたくさんあります
まず高分子を大きく分けると
天然のものかそうでないかということです
たとえば人工的に合成された高分子のうち樹脂にあたるものがプラスチックです
一般的にモノマーの数が増えるほどより硬く強い樹脂になります
有機物の種類が多くなりがちなのはいつものことですが高分子もその例外ではありません
この章では人工の合成高分子について取りあげていきましょう

熱可塑性樹脂ってなんのこと？

① 構造

熱可塑性樹脂は、加熱すると軟らかくなる樹脂です。熱可塑性樹脂の分子は長い鎖状の**構造**です。加熱すると分子が互いに横滑り的に移動し、軟らかくなって形状が変化します。

② 汎用樹脂とエンプラ

汎用樹脂は低い温度で軟化し、製造が容易で安価なものをいいます。そのため、バケツや洗面器など、日常雑器に使われます。典型的なものとして、ポリエチレン、ポリプロピレン、ポリスチレン、ポリ塩化ビニルなどがあります。

それに対して**エンプラ**は耐熱性、耐磨耗性、耐薬品性など、化学的、物理的にすぐれたものをいいます。価格も高価です。機械の構造材、歯車、さらには防弾チョッキとして使われます。PETなどのポリエステル、ナイロンなどのポリアミド、あるいはポリアセタールなどがあります。

汎用樹脂	ポリエチレン $-[CH_2-CH_2]-_n$	ポリ塩化ビニル $-[CH_2-CH(Cl)]-_n$
汎用樹脂	ポリプロピレン $-[CH_2-CH(CH_3)]-_n$	ポリスチレン 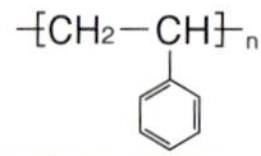
エンプラ	ポリエステル（PET） 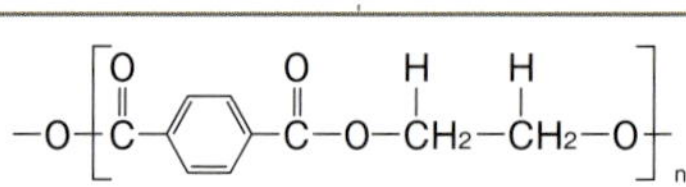	
エンプラ	ポリアミド（6-ナイロン） $-NH-[C(=O)-(CH_2)_5-NH]-_n$	ポリアセタール $-[CH_2-O]-_n$

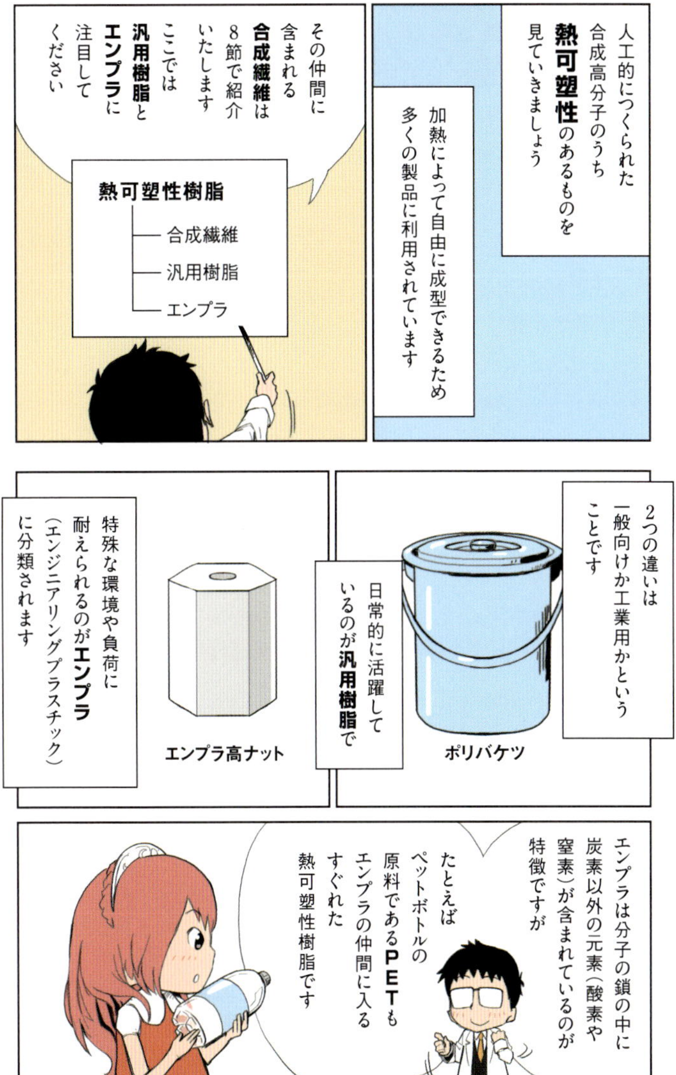
人工的につくられた合成高分子のうち熱可塑性のあるものを見ていきましょう
加熱によって自由に成型できるため多くの製品に利用されています
その仲間に含まれる合成繊維は8節で紹介いたします
ここでは汎用樹脂とエンプラに注目してください
熱可塑性樹脂
合成繊維
汎用樹脂
エンプラ
2つの違いは一般向けか工業用かということです
日常的に活躍しているのが汎用樹脂で
ポリバケツ
特殊な環境や負荷に耐えられるのがエンプラ（エンジニアリングプラスチック）に分類されます
エンプラ高ナット
エンプラは分子の鎖の中に炭素以外の元素（酸素や窒素）が含まれているのが特徴ですが
たとえばペットボトルの原料であるPETもエンプラの仲間に入るすぐれた熱可塑性樹脂です

熱可塑性樹脂って どうやってつくるの?

① 付加重合反応

エチレンからポリエチレンができる反応は、分子が結合するだけでその際に脱離する原子団はなにもありません。このような反応を**付加重合**といい、C=C結合は新しくC—C結合になっています。

② エステル化

カルボキシル基を2つもつテレフタル酸と、ヒドロキシ基を2つもつエチレングリコールを反応させると、**エステル結合**で連なったPET (polyethylene terephthalate) ができます。

③ アミド化

カルボキシル基を2つもつアジピン酸と、アミノ基を2つもつヘキサメチレンジアミンがアミド結合で連結すると、ナイロン6,6ができます。タンパク質はアミド結合で連なった天然高分子です。ナイロンはタンパク質の化学的模倣ともいえるものです。

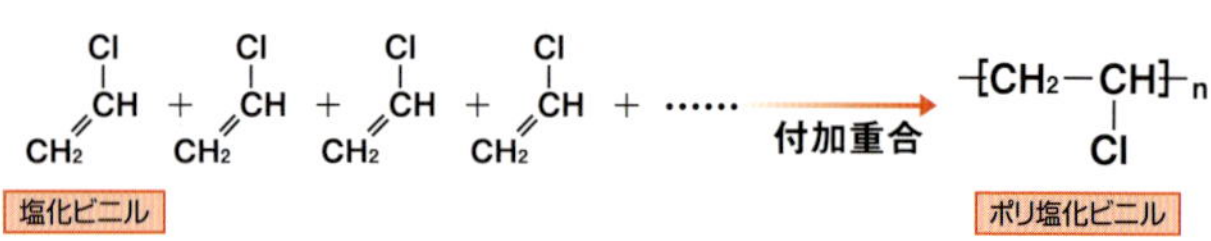

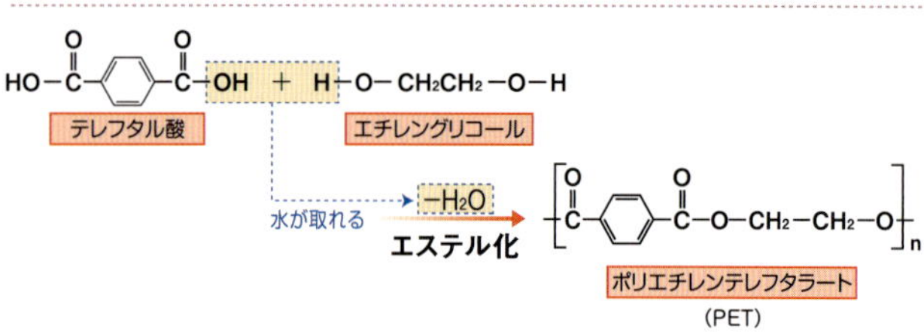

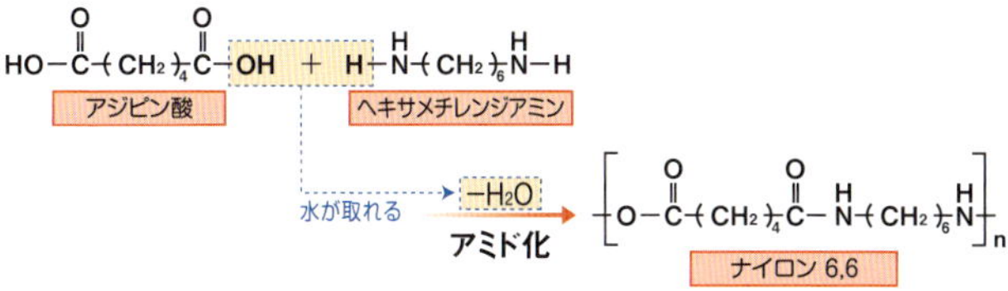
HO−C−(CH2)4−C−OH ＋ H−N−(CH2)6−N−H
アジピン酸
ヘキサメチレンジアミン
水が取れる
−H2O
アミド化
ナイロン 6,6

前節で見た熱可塑性樹脂の合成法を見てみましょう
汎用樹脂を代表してポリ塩化ビニルの合成法
エンプラからはＰＥＴとナイロンを取りあげてみました
上！
左下！

汎用樹脂の合成は簡単な付加反応（第4章8節）ですがエンプラの2つはエステル化（第3章7節）やアミド化（第3章9節）といった脱水縮合反応を利用しています
それぞれの反応は**付加重合反応**、**縮合重合反応**と呼ばれます
前！
これだけ？

熱硬化性樹脂ってなんのこと?

① 熱硬化性樹脂

加熱しても軟らかくならない樹脂を**熱硬化性樹脂**といいます。熱硬化性樹脂を加熱すると、木材のように焦げて変色し、さらに加熱すると燃えてしまいます。そのため、食器やコンセントなど、加熱、高温条件下で使用される器具に用いられます。

② 構造

熱硬化性樹脂の分子構造は、三次元に広がったカゴ状になっています。つまり、1個の製品が1個の巨大分子のような構造になっているのです。そのため、加熱されても分子は動いて位置を変えることができず、変形できません。

したがって、熱硬化性樹脂は完成してしまうと、加熱して軟らかくすることができず、成型が困難です。成型するためには

①鋳型に樹脂の原料を入れ、鋳型の中で重合させる

②鋳型に、熱硬化性になる前段階の樹脂、すなわち赤ちゃん樹脂を入れて加熱成型し、その後高温にして重合を完成させる

などの手法を用います。

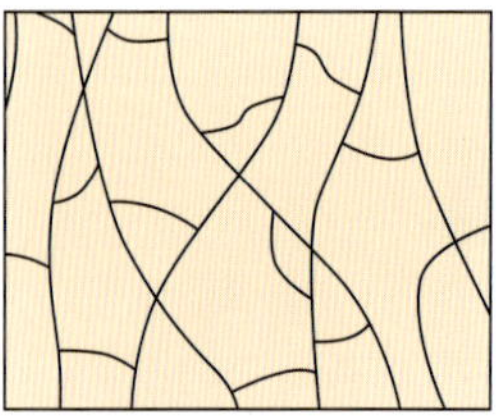

熱硬化性樹脂

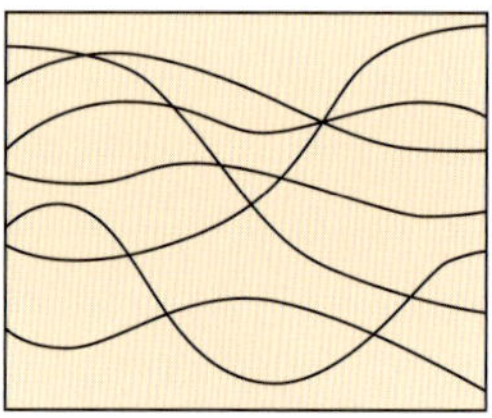

熱可塑性樹脂

合成樹脂には熱可塑性の反対にあたる性質のものがあります
それが**熱硬化性樹脂**です
熱による変形が起こりません
熱可塑性樹脂と違うのは高分子の鎖が1次元的な線状ではなく3次元的な網目状になっている点です
ガッ!!!
ガッ!!!
ガガッ!!!!!!!!
ほら壊れません
お次どうぞ

熱硬化性樹脂ってどうやってつくるの？

熱硬化性樹脂の一種であるフェノール樹脂の合成機構を見てみましょう。原料はフェノール❶とホルムアルデヒド❷です。

❶の**オルト位**が❷と反応し、付加体❸となります。❸のOHともう1分子の❶の水素の間で脱水が起こると❹になります。これは2個の❶がCH_2をジョイントとして連結された構造です。

同様の反応が2番目の❶との間で起これば、❶の長い連結鎖ができます。同じ反応は❶の**パラ位**でも起こります。そのため、網目状の構造になるのです。

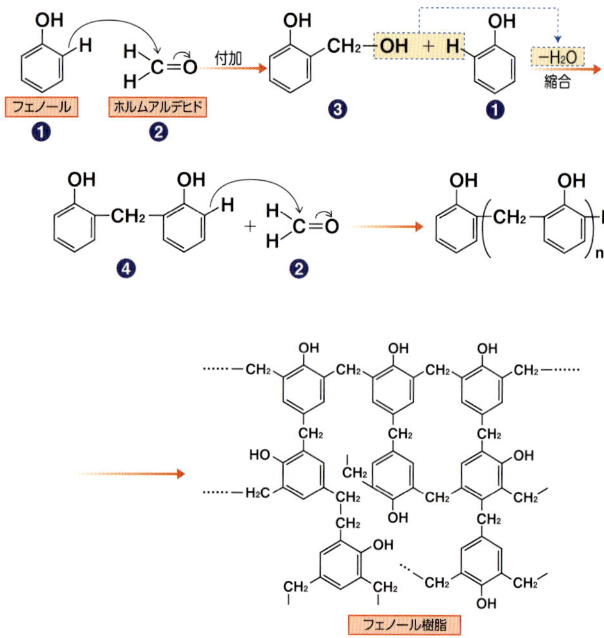

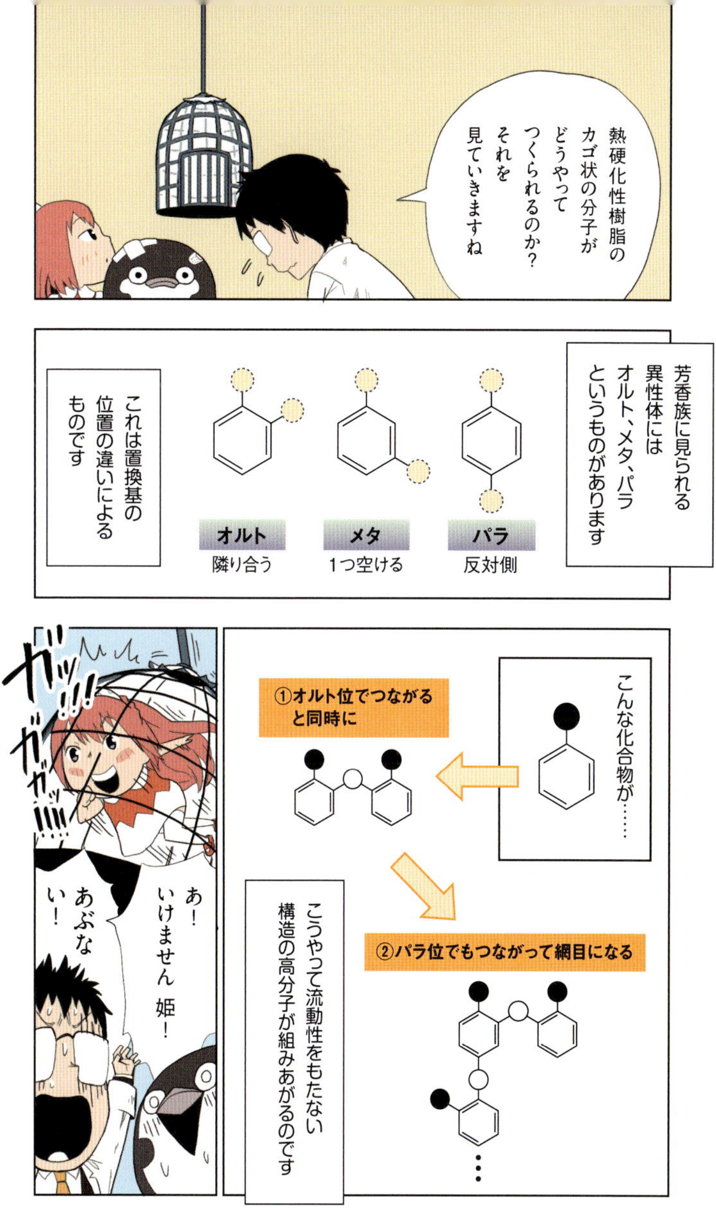
熱硬化性樹脂のカゴ状の分子がどうやってつくられるのか?それを見ていきますね
芳香族に見られる異性体にはオルト、メタ、パラというものがあります
パラ
反対側
メタ
1つ空ける
オルト
隣り合う
これは置換基の位置の違いによるものです
こんな化合物が……
①オルト位でつながると同時に
②パラ位でもつながって網目になる
こうやって流動性をもたない構造の高分子が組みあがるのです
ガッ!!!
ガガッ!!!!
あ!いけません 姫!
あぶない!

高分子も結晶になるの？

① 高分子の結晶って？

左下図はプラスチックにおける鎖状高分子の集合状態の模式図です。何本もの分子鎖の“方向がそろった”部分と“バラバラ”の部分があります。前者を**結晶領域**、後者を**非晶領域**といいます。

結晶性部分は分子間隔が狭いため、分子間力が働いて互いに引き合います。その結果、物理的に強くなると同時に、ほかの分子が入りにくいので、薬品にも強く、燃えにくくなります。

② 結晶性で変わる性質

プラスチックの性質は、結晶性部分の割合によって左右されます。**右下図**はゴム、プラスチック、合成繊維で、結晶性部分の割合がどのように違うかを表したものです。

合成繊維は、ひと口にいえば結晶性の熱可塑性樹脂です。ポリエチレンでもPETでもナイロンでも、細くて結晶性があれば繊維になりますが、結晶性がなければただのプラスチックなのです。

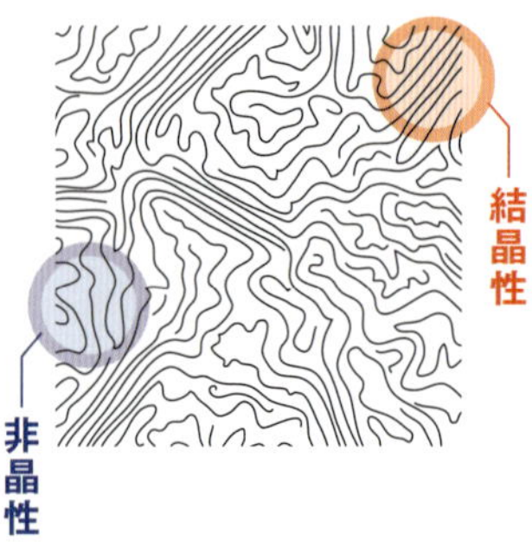

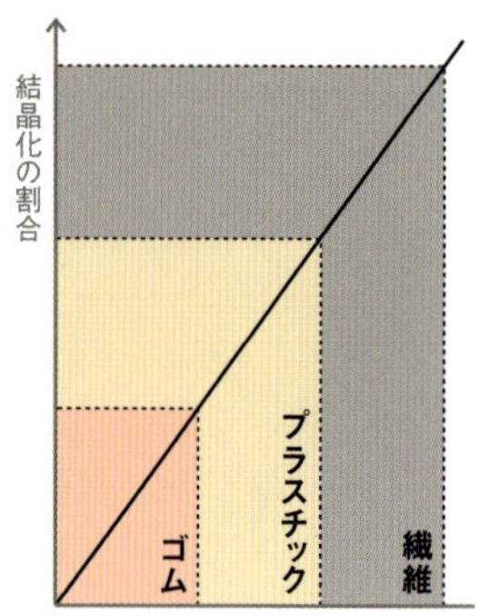

一般に物質は
結晶性をもつことで
強靭になりますが

逆に 非晶性をもてば
ほかの分子を取り込みやすくなります

そして
巨大な分子である
高分子には
結晶性部分と
非晶性部分とが
混在しているのです

	強靭さ	ほかの低分子の定着
結晶性部分	○	×
非晶性部分	×	○

高分子を
ゴム、合成繊維、
プラスチック（合成樹脂）
の3種類に分けたなら
これは
結晶性部分の
割合の変化にも
呼応します

ゴムは非晶性部分が多く
合成繊維は結晶化しています
中間にあたるのが
プラスチックです

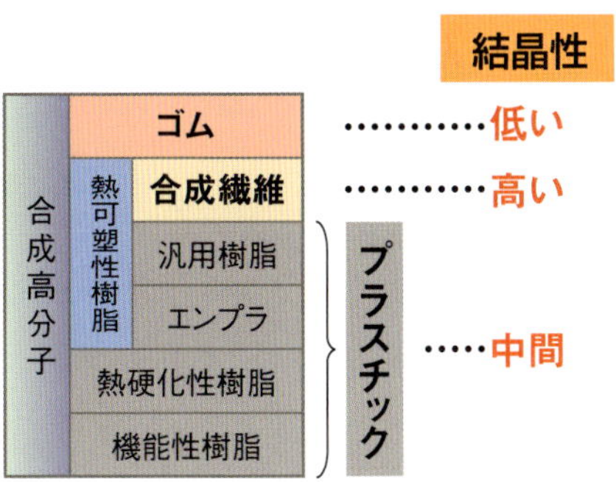

合成繊維もプラスチックなの？

合成繊維は熱可塑性高分子の結晶です。結晶性の高分子をつくるためには、分子方向を物理的にそろえてやればよいのです。簡単にいうと、一方向に引っ張ってやればよいということです。

合成繊維は加熱溶解した液体高分子を細いノズルから押しだしてつくります。さらにその高分子の糸をドラム状の延伸機にかけて、一気に何十倍もの長さに引っ張ります。

すぐれた合成繊維は、強いだけではだめです。天然繊維の肌触り、風合いが要求されます。そのため、繊維の断面の変形、中空、極細など、いろいろな工夫が行われます。合成繊維の原料になる高分子にはナイロン、PET、アクリルなどがあります。

名称	種類	特徴	用途
ナイロン	$\text{-[NH-(CH}_2)_5\text{-CO]-}_n$	細く、美しい	ストッキング、漁網、ベルト、ロープ
ポリエステル	$\text{-[CO-C}_6\text{H}_4\text{-CO-O-(CH}_2)_2\text{-O]-}_n$	防しわ性 低吸湿性	裏地、Yシャツ
アクリル	$\text{-[CH}_2\text{-CH(CN)]-}_n$	羊毛の風合	カーペット、セーター、毛布、人造毛皮

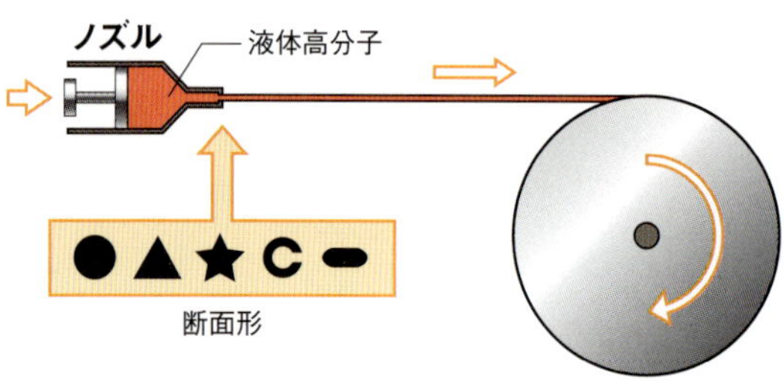

熱可塑性樹脂の仲間には先述の汎用樹脂とエンプラに加えて**合成繊維**が含まれます
熱可塑性樹脂
合成繊維
汎用樹脂
エンプラ
ポリ
これは結晶性の違いだと思ってください
たとえばエンプラとして紹介したPETでも結晶性の割合を高めれば合成繊維となります
結晶化
プラスチック
合成繊維
ポ
ただ物理的な加工を与えてやるだけでプラスチックは強靭な繊維になるのです
プラスチックのままだと……
ペットボトル
PET
繊維になれば……
ポリエステル繊維
ポ
リ

ゴムって なぜ伸び縮みするの?

① 加硫

ゴムの特徴は**伸び縮み**することです。この原因はゴム分子の形状にあります。天然ゴムの分子は、毛糸玉のように丸まっていますが、引っ張られると解けて一直線になって伸びます。

しかし、ズルズルと伸びてやがて切れてしまいます。それを防止するために加えるのが**硫黄**です。硫黄はゴム分子の間に架橋構造をつくるので、ゴムは縮むという性質を獲得するのです。この操作を**加硫**といいます。

② 合成ゴム

合成ゴム(Rubber、R)を**下表**にまとめました。天然ゴムと同じ成分であるイソプレンからつくった合成天然ゴム、ブタジエン(B)とスチレン(S)からできたSBRなどがあります。

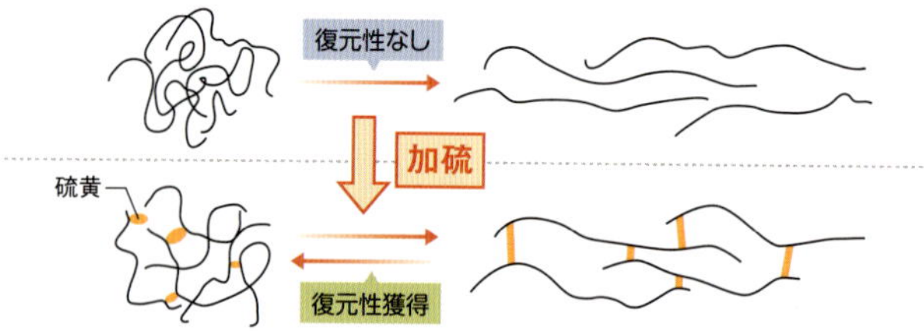

名称	モノマー	ポリマー
合成天然ゴム	イソプレン $CH_2=C(CH_3)-CH=CH_2$	$\left[CH_2-C(CH_3)=CH-CH_2\right]_n$
SBR	スチレン $CH_2=CH-C_6H_5$ ブタジエン $CH_2=CH-CH=CH_2$	※$\left[CH_2-CH(C_6H_5)-CH_2-CH=CH-CH_2\right]_n$

※構造式の一部

こういうゴムも日ごろからよく見ている高分子の1つですが
びょーーん
たこ焼き
実は天然のゴムだとただ伸びるだけでもとには戻りません
そこに硫黄を加えてゴムの分子同士をつなげてやることで初めてもとの状態に戻る機能を得るのです
のびる
縮む
天然ゴム ○ ×
加硫されたゴム ○ ○
加える物質を硫黄以外のものにするとまた別の特性をもったゴムをつくることもできます
あ!
この味は間違いない……ヒマラヤの岩塩!
えらいもん入れたなおやっさん……
もぐもぐ

機能性高分子ってどんなのがあるの?

① 伝導性高分子

アセチレンが重合した**ポリアセチレン**には、二重結合を構成する電子雲が端から端まで群がっています。電流は電子の流れですから、この電子が移動すればすなわち、電気が流れます。

ところが、ポリアセチレンは電子が多すぎるので電子が移動できません。渋滞道路のようなものです。自動車をうまく流すためには自動車を"間引いて"やればよいのです。

この役をするのが**ドーパント**です。ポリアセチレンにヨウ素などをドーパントとして加えると伝導度が金属なみになります。

② イオン交換樹脂

下図の高分子ⒶにCl^-イオンを反応させると、Cl^-が高分子と結合し、代わりにOH^-が流れだします。同様に高分子ⒷにNa^+イオンを反応させるとH^+に変わります。

ⒶとⒷを入れたカラムに海水を流すと、Na^+、Cl^-がH^+、OH^-に置き換わった真水が流れだします。

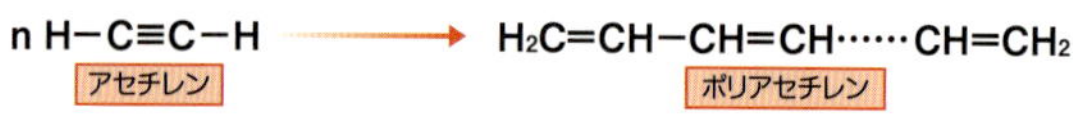

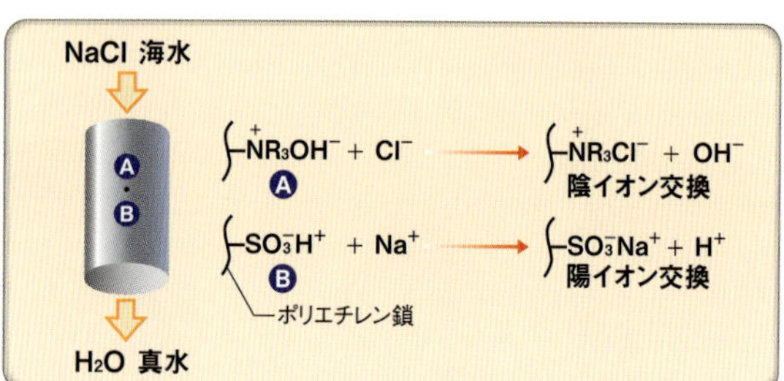

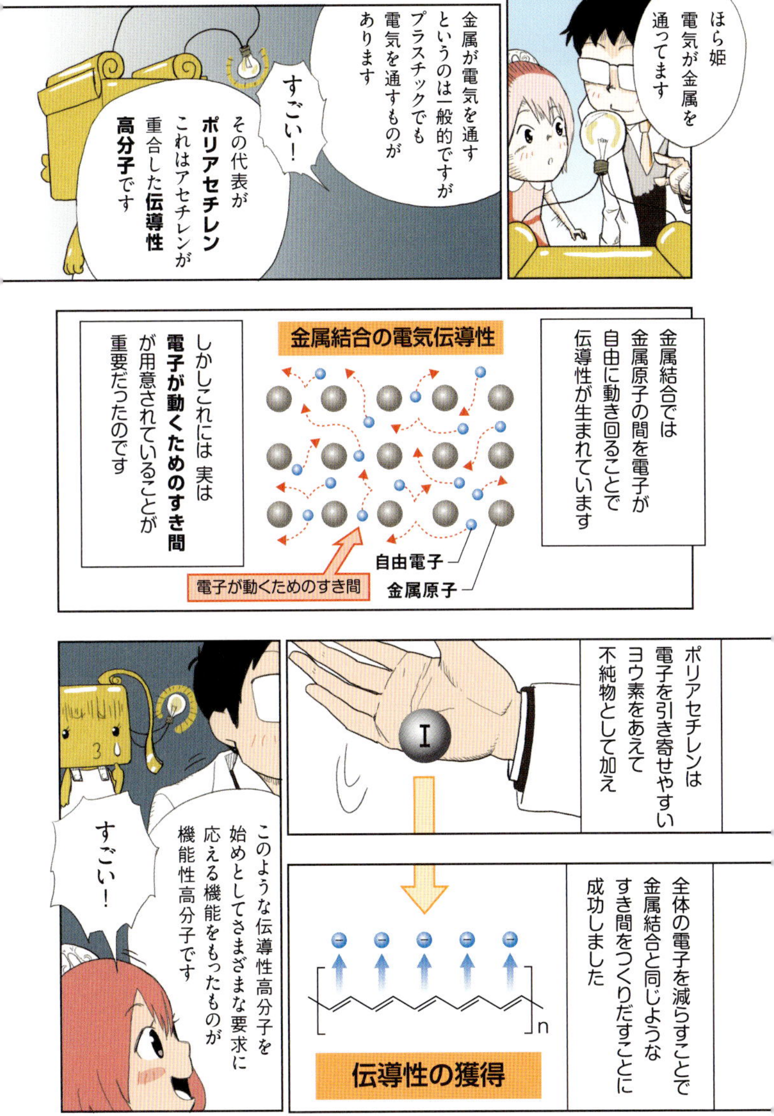

ほら姫 電気が金属を 通ってます
金属が電気を通す というのは一般的ですが プラスチックでも 電気を通すものが あります
すごい!
その代表が ポリアセチレン これはアセチレンが 重合した伝導性 高分子です
金属結合では 金属原子の間を電子が 自由に動き回ることで 伝導性が生まれています
金属結合の電気伝導性
自由電子
金属原子
電子が動くためのすき間
しかしこれには 実は 電子が動くためのすき間 が用意されていることが 重要だったのです
ポリアセチレンは 電子を引き寄せやすい ヨウ素をあえて 不純物として加え
I
全体の電子を減らすことで 金属結合と同じような すき間をつくりだすことに 成功しました
n
伝導性の獲得
このような伝導性高分子を 始めとしてさまざまな要求に 応える機能をもったものが 機能性高分子です
すごい!

環境にやさしい高分子

① 生分解性高分子

プラスチックの長所の1つはじょうぶだということです。ところがこれが短所にもなります。不必要になったプラスチック製品が環境に排出され、いつまでも分解されずに放置されます。

そのために開発されたのが**生分解性高分子**であり、地中細菌などによって数週間で分解されます。体内でも分解されるので、抜糸不要の縫合糸として手術に利用されます。

② 高吸水性高分子

紙オムツなどは**高吸水性高分子**でできています。この物質は自重の千倍ほどの重さの水を吸収することができます。

構造は**下図**のとおりです。三次元のケージ型構造であり、カルボキシル基のナトリウム塩がたくさんついています。高分子が水を吸うとナトリウム塩が解離してCOO^-となり、陰イオン同士が反発してケージが開き、ますます多くの水を吸収します。

この高分子を砂漠に埋めます。その上に植樹したあと、たっぷりと給水すると水をたくさん吸収し、次の給水までの間隔を伸ばすことができます。このようにして砂漠の緑化に役立っています。

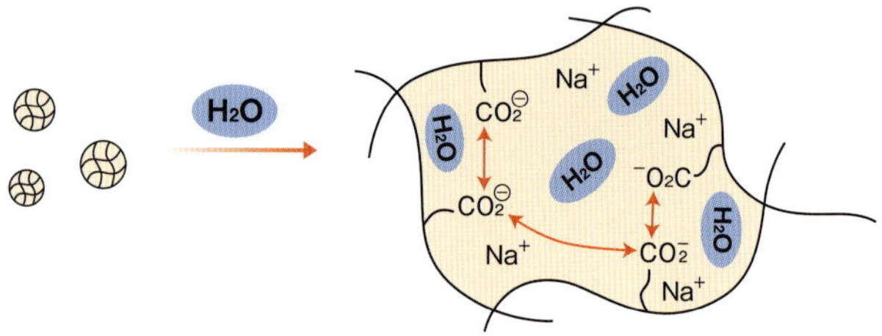

紙オムツまでも有機物の高分子だったとは……!
ええ
それを土壌保水材として砂漠の緑化に使うなんて科学による攻めのエコ!って感じでいいですよね
それではまた明日
オムツ ですか………
……姫っ 先生といっしょにコンビニでも行ってらっしゃい
ふぇ～い
え?
ボリボリ
姫 いちばん小さな有機物ってなんだったか覚えてますか?
うーん
じゃあ メチル基って言葉に聞き覚えは?
うーん
でも たいていの有機物は同じものでできていて
大切なのはどうつながっているかで
あと覚えてるのは うーん……
すぐに変わっちゃうってことかな

Column
巨大水槽

最近の巨大水族館には驚くほどの大きさの水槽があります。体長10mに達するジンベイザメが悠々と泳ぐ姿には圧倒されます。

この水槽はもちろんガラス製ではありません。もしガラスでつくったら、その比重は2.5～4ですから、ガラスだけでものすごい重さになりますし、運搬が大変です。運搬に関していえば、重さだけでなく、あのような巨大なガラス片をどうやって運搬することができるでしょう？

このような問題を一気に片づけてくれるのが高分子です。巨大水槽は高分子でできているのです。ポリメタクリル酸メチル、いわゆるアクリル樹脂です。比重は1.2程度でうんと軽く、強度はガラスの15倍もあり、光の透過率もガラスよりも高い、といいことずくめです。厚いガラスは緑に見えますが、アクリル樹脂は厚くても無色透明です。

さらに、アクリル樹脂は現場で接着ができるのです。すなわち、工場では小さいブロックにしてつくり、現場で接合して巨大化できるのです。巨大水槽で水中の景色を楽しめるのも、高分子のおかげなのです。

CHAPTER 8

生命の化学

有機化学は本来、生命体に関係した物質を扱う学問でした。現在も生命体を扱うのは当然のことです。バイオ、薬学、さらには医学は、有機化学の知識なしでは成り立ちません。DNA の構造や機能は、有機化合物の究極の機能といえるでしょう。

糖類って砂糖のこと?

① 生命と太陽エネルギー

地球上の生命体は**太陽エネルギー**によって**生命活動**を行っています。植物は二酸化炭素と水を原料とし、太陽エネルギーを利用して糖類をつくります。糖類は自然界がつくった太陽電池のようなものです。動物はこの太陽電池を食べることによって、太陽エネルギーを間接的に利用しているのです。

② 糖類

糖類は炭素、水素、酸素だけからできた分子であり、大部分の分子式が$C_m(H_2O)_n$の形なので炭水化物ともいわれます。

糖類は天然高分子の一種であり、単位になる低分子がたくさん結合したものです。その単位糖を単糖類といい、グルコース（ブドウ糖）やフルクトース（果糖）などがあります。

2個の単糖類が脱水縮合したものを**二糖類**といいます。2個のグルコースからできたマルトース（麦芽糖）、グルコースとフルクトースからできたスクロース（ショ糖、砂糖）などがあります。

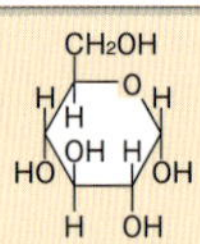

グルコース（ブドウ糖）

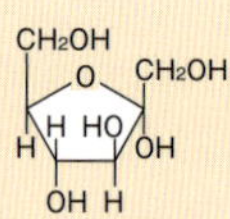

フルクトース（果糖）

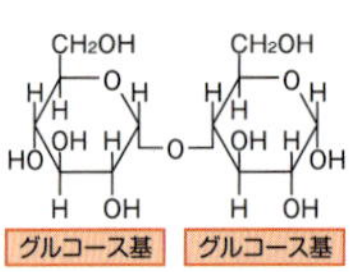

マルトース（麦芽糖）

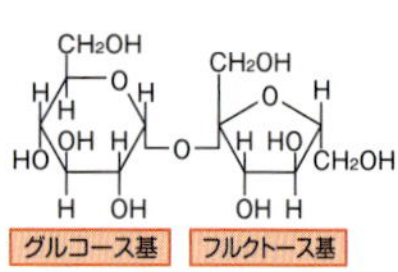

スクロース（ショ糖）

ふぇ〜♡
有機物とは もともと生物の体内でのみつくりだされる（神秘的ともいえる）物質のことを指していました
最高のピクニック日和ですね
これを研究した有機化学は つまり生化学の基礎にもなっている学問です
姫ーっ
姫は光合成ってご存じですかー？
植物の光合成
$6CO_2 + 6H_2O \rightarrow 6O_2 + C_6H_{12}O_6$
二酸化炭素
水
太陽エネルギー
酸素
糖類
=
$C_m(H_2O)_n$
糖類の一般式
=
炭水化物
植物は太陽エネルギーを利用することで酸素を合成して排出するとともに**糖類**を蓄積します
糖類を含む植物を草食動物が摂取し それをまた肉食動物が捕食する
糖類は**動物には自製できない有機化合物**だからです
すべての動物は栄養という名のもとに常に有機化合物を外部から吸収し続けそして生きています
現在では 生物由来の有機化合物を**天然有機化合物**と分類します 第8章ではこの仲間を見ていきましょう

デンプンとセルロースって同じもの？

① デンプン・セルロース

多くの単糖類が脱水縮合してできた高分子を**多糖類**といいます。代表的なものにデンプンとセルロースがあります。ともにグルコースからできていますが結合の様式が異なるので、人はセルロースを消化することができません。

② キチン質・ヒアルロン酸

多糖類は動物の体でも重要な役割をしています。カニやエビなど甲殻類の甲羅や昆虫の外骨格は**キチン質**からできています。キチン質はグルコースが変化した単糖類であるグルコサミンアセチル体が結合した多糖類です。

また軟骨などに含まれ、関節の潤滑油の役割をする**ヒアルロン酸**はグルコースが酸化されてできたグルクロン酸とグルコサミンアセチル体からできた高分子です。

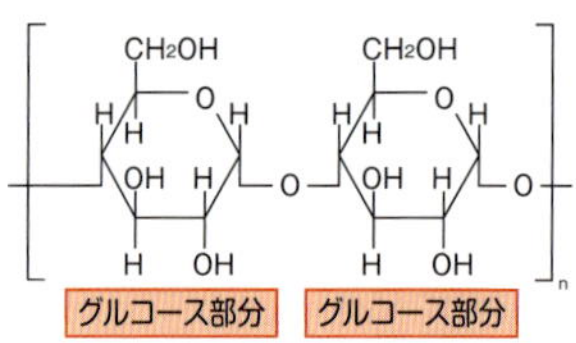

デンプン

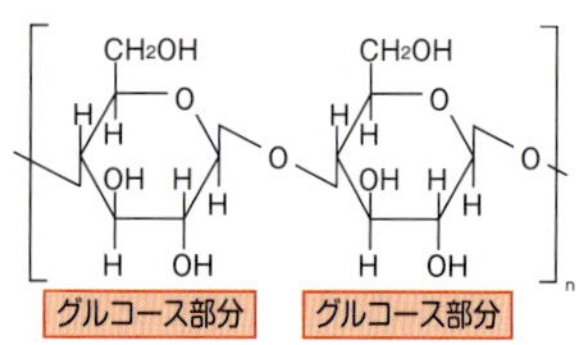

セルロース

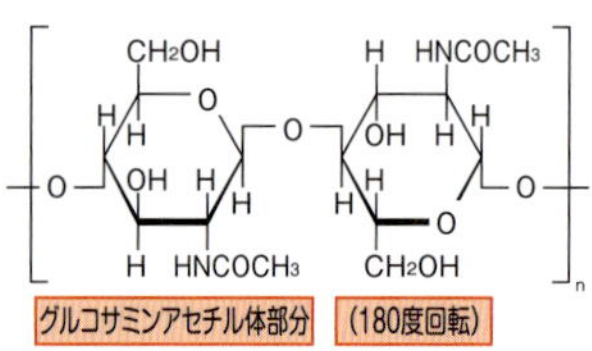

キチン

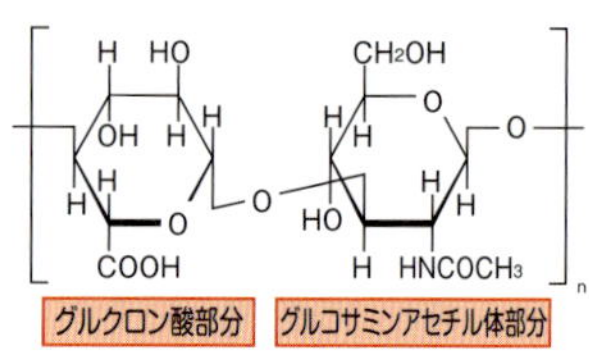

ヒアルロン酸

第7章2節で紹介した高分子の一覧表には天然高分子という分類もありました
糖類は天然高分子の仲間でありグルコースやフルクトースを1単位として重合します
低分子
単糖類
グルコース
フルクトース
二糖類
高分子
多糖類
…
グルコースが多数つながった多糖類としてデンプンとセルロースが有名です
ともに化学式は$(C_6H_{10}O_5)_n$となりますが一方は人の体内で消化されもう一方は消化されません
なぜでしょう？
化学式は同じなのに違う性質を示すもの
つまり
異性体！
そう この2つは異性体なんです
グルコース
α-グルコース
β-グルコース
脱水縮合
脱水縮合
デンプン
セルロース
消化 ◎
消化 ×
グルコースはヒドロキシ基の位置異性として…ぐすっ α型とβ型に…ぐすっ 分かれています
なにを鼻水たらして泣いておられるのです？
だってだって……姫の口から化学な言葉が……ぐすぐすっ

油脂ってサラダ油のこと?

生体に含まれる油分に**油脂**があります。油脂は三価のアルコールであるグリセリンと、種々のカルボン酸の間でできたエステルです。油脂を構成するカルボン酸を**脂肪酸**といいます。

脂肪酸の種類は多く、炭素数4からおよそ30個までさまざまなものがあります。菜種の油とイワシの油が異なるのは、それらの脂肪酸の構造が異なるからなのです。

炭素数がほぼ12以下のものを**低級脂肪酸**、それ以上のものを**高級脂肪酸**といいます。また、C=C二重結合を含むものを**不飽和脂肪酸**、含まないもの**飽和脂肪酸**といいます。頭をよくするとかいうEPAやDHAは高級不飽和脂肪酸で、魚に多く含まれます。

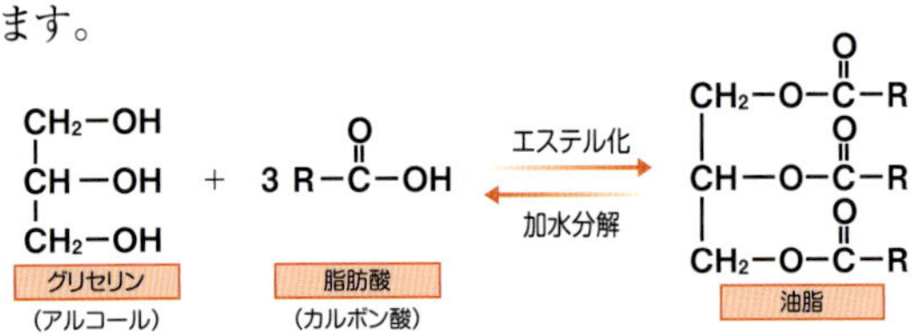

	飽和脂肪酸	不飽和脂肪酸
低級脂肪酸	$CH_3(CH_2)_6CO_2H$ カプリル酸	$CH_2{=}CH(CH_2)_8CO_2H$ ウンデシレン酸
高級脂肪酸 (炭素数12以上)	$CH_3(CH_2)_{14}CO_2H$ パルミチン酸	$HO_2C{-}CH_2{-}CH_2{-}CH_2{-}CH{=}CH{-}CH_2{-}CH{=}CH{-}CH_2$ $CH_3{-}CH_2{-}CH{=}CH{-}CH_2{-}CH{=}CH{-}CH_2{-}CH{=}CH$ イコサペンタエン酸(EPA) (炭素数:20　二重結合数:5)
	$CH_3(CH_2)_{16}CO_2H$ ステアリン酸	$HO_2C{-}CH_2{-}CH_2{-}CH{=}CH{-}CH_2{-}CH{=}CH{-}CH_2{-}CH{=}CH$ $CH_3{-}CH_2{-}CH{=}CH{-}CH_2{-}CH{=}CH{-}CH_2{-}CH{=}CH{-}CH_2$ ドコサヘキサエン酸(DHA) (炭素数:22　二重結合数:6)

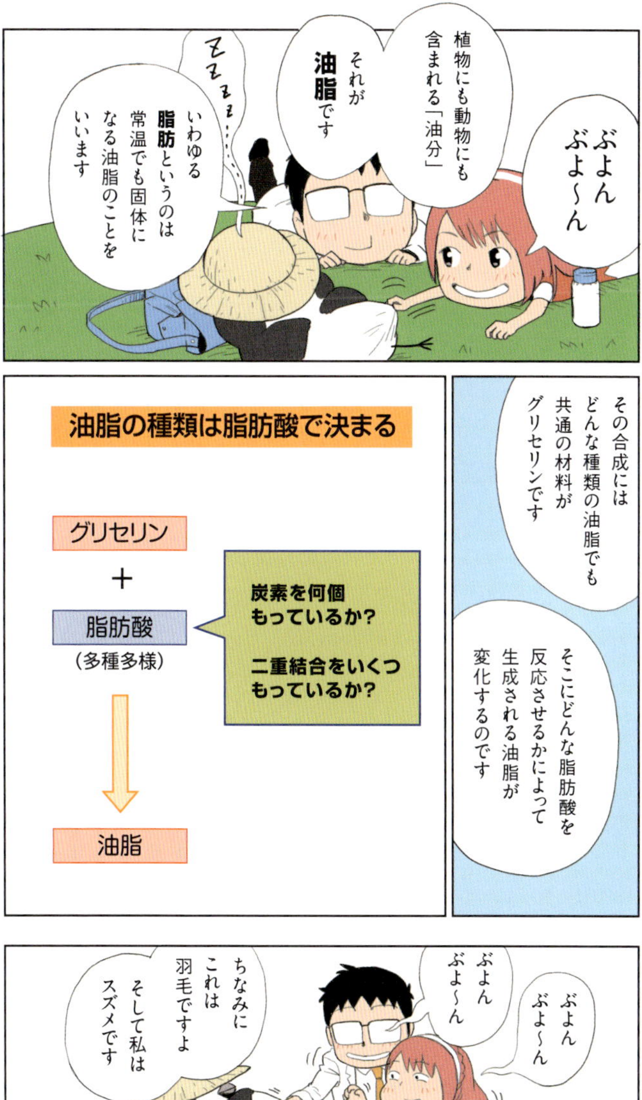
ぶよん ぶよ～ん
植物にも動物にも含まれる「油分」
それが**油脂**です
Zzz…
いわゆる**脂肪**というのは常温でも固体になる油脂のことをいいます
その合成にはどんな種類の油脂でも共通の材料がグリセリンです
そこにどんな脂肪酸を反応させるかによって生成される油脂が変化するのです
油脂の種類は脂肪酸で決まる
グリセリン
＋
脂肪酸
（多種多様）
炭素を何個もっているか？
二重結合をいくつもっているか？
油脂
ぶよん ぶよ～ん
ぶよん ぶよ～ん
ちなみにこれは羽毛ですよ
そして私はスズメです

8 CHAPTER 4 SECTION

ビタミンとホルモンってどう違うの？

① ビタミン

ビタミンは微量で生体の働きを調節する物質ですが、人は自分の体内でつくることができないので、食物として摂り入れなければならないものです。ビタミンには、水に溶ける**水溶性ビタミン**と、水に溶けず油に溶ける**脂溶性ビタミン**があります。

ビタミンAは視覚機能を助け、ビタミンBは脚気（かっけ）などを予防し、ビタミンCは壊血病を予防します。

② ホルモン

ホルモンも微量で生体機能を調節する物質ですが、特定の臓器で生産され、血流に乗ってほかの臓器に運ばれ、そこで機能を発揮します。ホルモンのおもなものに、ステロイド骨格をもった**ステロイドホルモン**と、アミノ基をもった**アミン系ホルモン**があります。各種の性ホルモンはステロイドホルモンであり、アドレナリンはアミン系ホルモンです。

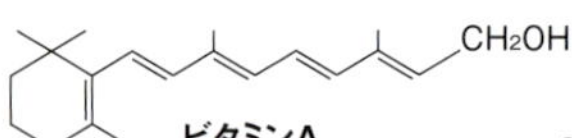

ビタミンA

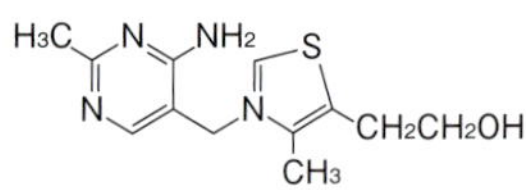

ビタミンB1

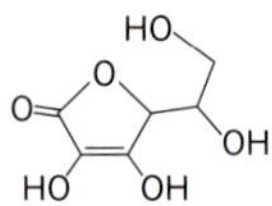

ビタミンC

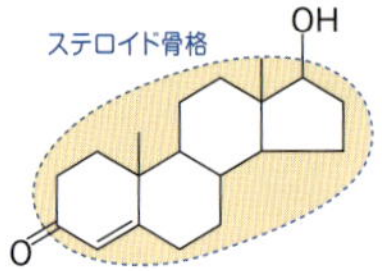

テストステロン（男性ホルモン）

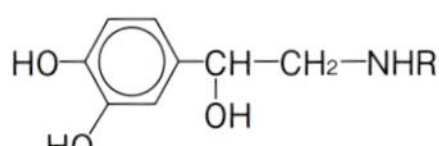

R= H：ノルアドレナリン / CH3：アドレナリン

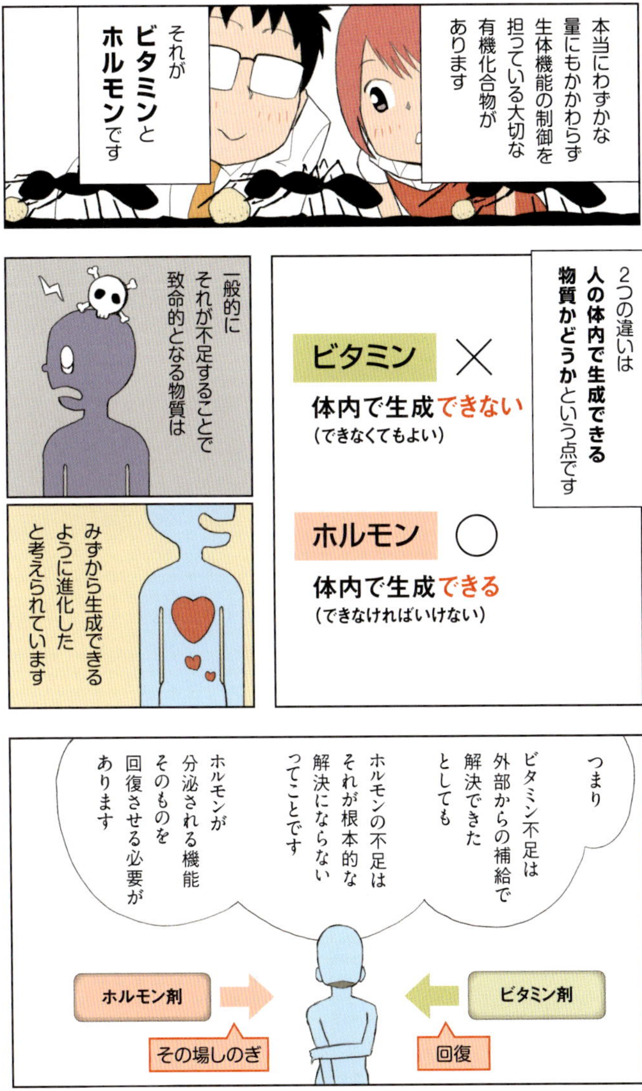
本当にわずかな量にもかかわらず生体機能の制御を担っている大切な有機化合物があります
それがビタミンとホルモンです
2つの違いは人の体内で生成できる物質かどうかという点です
ビタミン　×
体内で生成できない
（できなくてもよい）
ホルモン　○
体内で生成できる
（できなければいけない）
一般的にそれが不足することで致命的となる物質は
みずから生成できるように進化したと考えられています
つまり
ビタミン不足は外部からの補給で解決できたとしても
ホルモンの不足はそれが根本的な解決にならないってことです
ホルモンが分泌される機能そのものを回復させる必要があります
ビタミン剤
回復
ホルモン剤
その場しのぎ

神経伝達物質ってなんのこと?

① 情報伝達

私たちは目や耳などの感覚器官から得た情報を脳に伝えます。脳はその情報を処理して筋肉に指令を与え、適切な行動をとります。一連の**情報伝達**は、**化学反応**によって行われます。

情報は神経細胞を通って伝わりますが、脳と筋肉の間は何本もの神経細胞を経由してつながれています。情報は、1本の神経細胞の中を電気信号で伝達します。いわば電話連絡です。

② 神経伝達物質

しかし、神経細胞同士の間には電話線が敷かれていません。そのため、手紙での連絡になります。この手紙に相当するのが化学物質であり、**神経伝達物質**です。神経伝達物質には各種あり、アセチルコリンやドーパミンはよく知られています。

フェロモンは異性をひきつける物質ですが、個体の間の情報伝達を行う物質と考えることもできます。

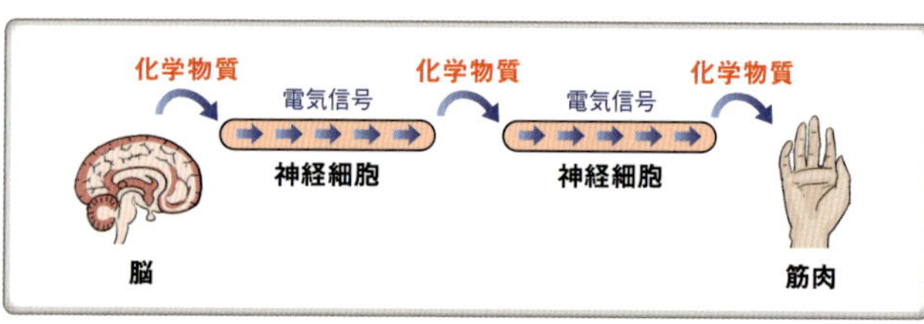

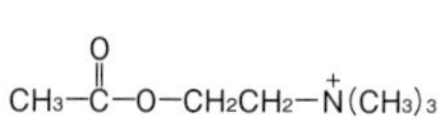

アセチルコリン

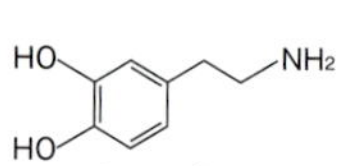

ドーパミン

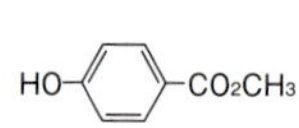

メス犬のだすフェロモン

こんなふうに
からだを
動かせるのも
有機化合物のおかげなんですよ 姫
動けてないけど?
ぜぇー
ぜぇー
人の神経細胞はこんな形をしていていくつも連なることで電気信号が伝達されていきます
樹状突起
細胞体
軸索
神経終末
お互いの神経細胞のつなぎ目(シナプス)は直接つながっているわけではありません
シナプスでの情報伝達
伝達物質
そこで**神経伝達物質**を飛ばすことで刺激を伝えます
この伝達物質が有機化合物なんです
これがなければ筋肉を動かす指令も脳から届きません
先生にはないの?

タンパク質って焼肉の?

① アミノ酸は光学異性体

タンパク質は焼肉だけではありません。酵素もヘモグロビンもタンパク質です。タンパク質は生命活動の中枢を担っています。

タンパク質も**天然高分子**です。単位分子は**アミノ酸**です。アミノ酸には**2-11**で見たようにD体とL体という光学異性体が存在します。しかし、天然に存在する約20種類のアミノ酸はほとんどすべてがL体ばかりです。その理由は誰も知りません。

② タンパク質の一次構造

2個のアミノ酸がアミノ基とカルボキシル基の間で脱水縮合すると**アミド**ができます。アミノ酸からできたアミドを特に**ペプチド**、その結合を**ペプチド結合**といいます。

ペプチドにさらに別のアミノ酸がペプチド結合すると、アミノ酸の高分子、**ポリペプチド**となります。ポリペプチドにおけるアミノ酸の結合順序を**タンパク質の一次構造**といいます。

タンパク質はポリペプチドの部分群です。ポリペプチドのうち、再現性のある特有の立体構造と機能を備えたものだけをタンパク質といいます。

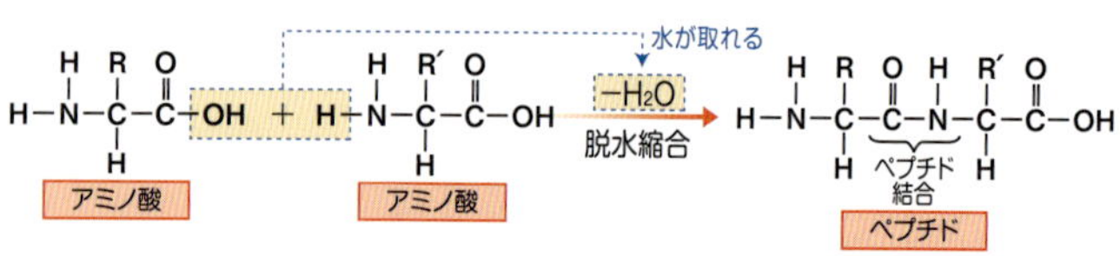

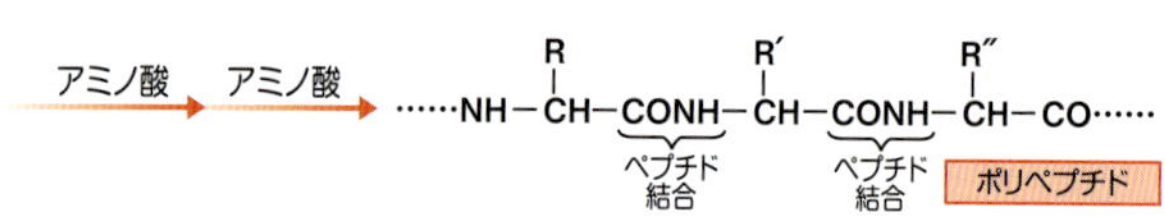

アミノ酸って覚えてますか?
第3章8節にでてきたちょっと特殊なアミンでございますね
R
H－C－NH2
CO2H
アミノ基
カルボキシル基
有機
アミノ酸が縮合重合した高分子をポリペプチドといいます
このポリペプチドの一種が人間の栄養素としても重要なタンパク質です
低分子
アミノ酸
約20種類のアミノ酸
ペプチド
高分子
ポリペプチド
…
タンパク質と呼ばれる化合物の構造は複雑でいくつかの階層に分けて考えられます
ここでは3つの段階に分けましょう
タンパク質
一次構造
二次構造
高次構造
一次構造とは
Ala Arg Asn Asp
Cys Gln Glu Gly
His Ile Leu Lys
Met Phe Pro Ser
Thr Trp Tyr Val
約20種類のアミノ酸から
10万種類のタンパク質へ
単位分子であるアミノ酸には約20もの種類がありこれらがどんな配列で重合しているのか?ということがタンパク質の一次構造と呼ばれるものです
この配列の違いがのちの二次構造、高次構造にも影響をおよぼします

8 CHAPTER 7 SECTION

タンパク質の立体構造

① タンパク質の二次構造

タンパク質は複雑な立体構造をもっています。その立体構造を構成するのは2種類の部分構造、すなわち、らせん状の**α-ヘリックス**とシート（板）状の**β-シート**です。β-シートはポリペプチド鎖が折り返してつくられた平面状の部分をいいます。

② タンパク質の高次構造

下図はタンパク質の模式構造です。上の2つの部分構造が組み合わさっています。ヘモグロビンはこのようにしてできたタンパク質がさらに4個集まった集団構造を取っています。このような立体構造を**タンパク質の高次構造**といいます。

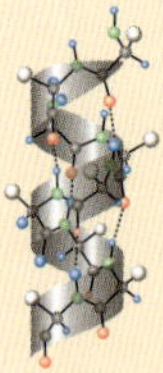

α-ヘリックス構造

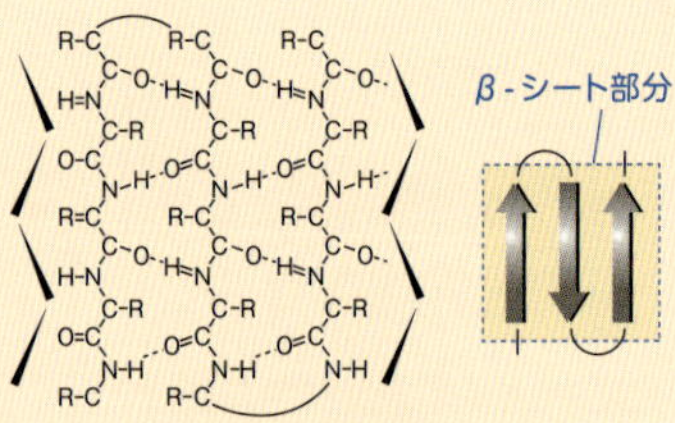

β-シート構造

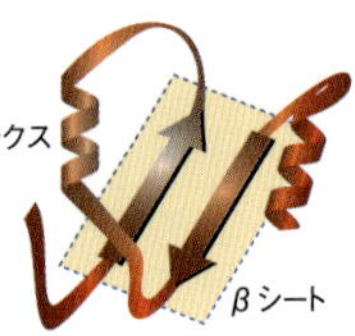

タンパク質

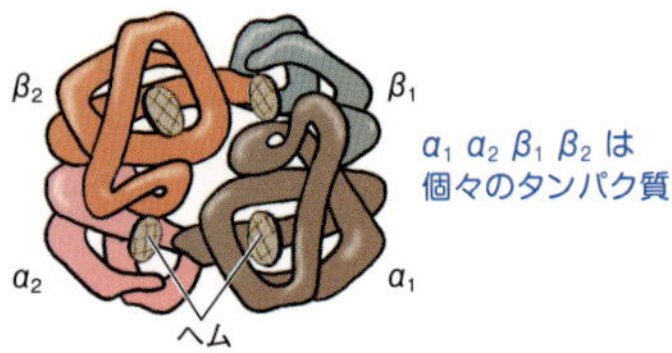

4個のタンパク質の集合体がヘモグロビン

タンパク質の一次構造は
ただ直線でつながった
だけの平面構造です
そこから水素結合や
静電引力によって
分子が折りたたまれると
立体構造へ変わります
これが
タンパク質の二次構造です
二次構造とは
らせん状
ひだ状
どちらになりやすいかは
一次構造による

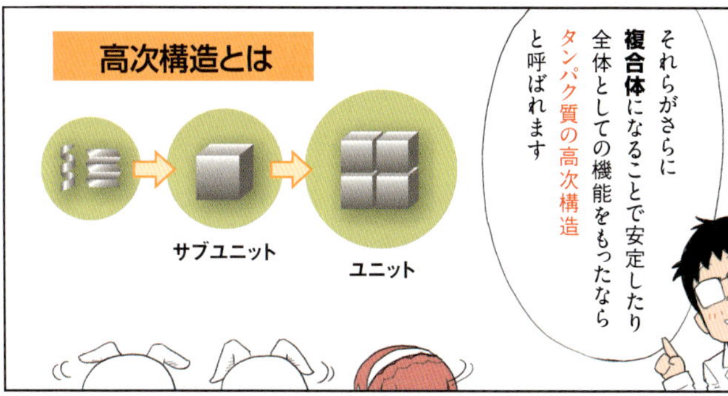
それらがさらに
複合体になることで安定したり
全体としての機能をもったなら
タンパク質の高次構造
と呼ばれます
高次構造とは
サブユニット
ユニット

つまりタンパク質の構造
についてまとめると
こんな感じですね
タンパク質
一次構造 ＝ 平面構造
二次構造 ＝ 立体構造
高次構造 ＝ 複合体
よし！遊ぼう！
あれ？
ぐーっ

8 CHAPTER 8 SECTION 遺伝とDNA、RNAの関係

① DNAとRNA

生物の特色は、自己を再生産するということです。自己再生産は遺伝であり、遺伝という一連の化学反応の中心になるのが**核酸**という分子です。核酸には**DNA**と**RNA**があります。母細胞が分裂するとき、娘細胞に入っていくのはDNAです。

② DNAの一次構造

DNAは**天然高分子**です。単位分子は**ヌクレオチド**と呼ばれる4種類で、それぞれA、T、G、Cの記号がつけられています。

DNAは遺伝情報を書いた指令書です。DNAはATGCの4文字で書かれているのです。そのため、ヌクレオチドの並ぶ順序が重要になります。これを**DNAの一次構造**といいます。

③ DNAの二重らせん構造

DNAは2本の長い分子が互いにからみ合いながららせんをつくっています。そのため、**二重らせん構造**といわれます。

2本の分子をA鎖、B鎖とすると、A鎖のAにはB鎖のTが対応し、CにはGが対応しています。これはA—T、C—Gの間に水素結合ができるからです。すなわち、DNAの2本の鎖は**水素結合**でガッチリと組み合わさっているのです。

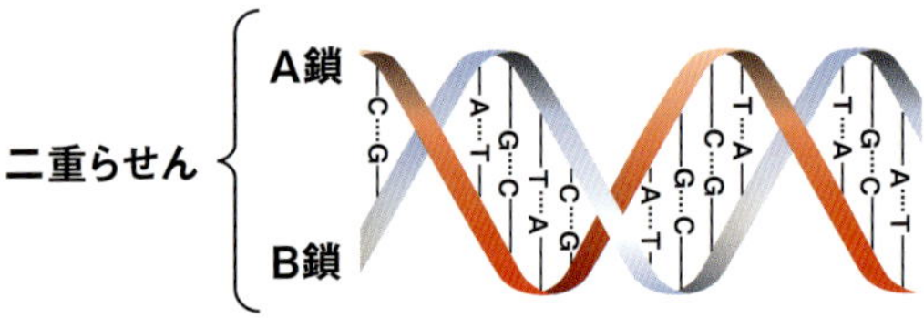

姫
もしかすると いちばん大切かも しれない有機物 の話を最後に いたしますね
それは 親から子への 遺伝という現象の 中心になる物質 **核酸**です

核酸の構造もまた高分子で**ヌクレオチド**という物質を単位分子にしています
いわゆる**DNA**も核酸の一種です

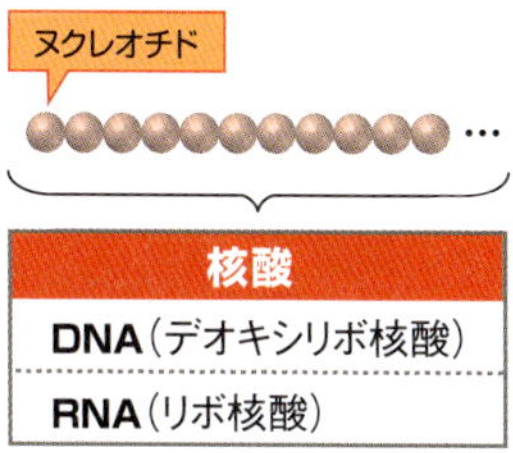

ヌクレオチドの種類は含まれる塩基で記号化する

塩基	記号	DNA	RNA
アデニン	A	保有	保有
グアニン	G	保有	保有
シトシン	C	保有	保有
チミン	T	保有	×
ウラシル	U	×	保有

前節までに見たタンパク質の生成ももとをたどれば核酸にいきつきます

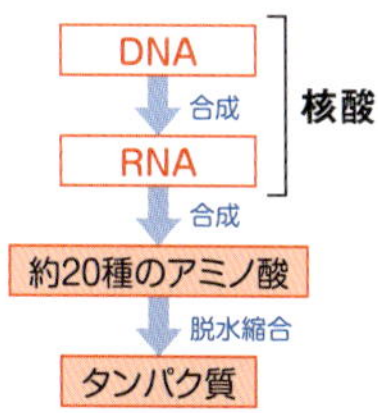

つまりDNAから合成された**RNA**がタンパク質の単位分子であるアミノ酸を合成するからです

そして
あ！
え？

あれ？ 親とはぐれちゃった のかもしれないですね
しょぼ〜ん…
姫 今日はひとまず 連れて帰ってあげましょう

DNAって増殖するの?

① 二重らせんDNAの増殖

細胞が2個に分裂するときには、**DNA**の**二重らせん**も分裂再生産して、2組の二重らせんになります。

すなわち、AとBからできた二重らせん構造がA、Bに分裂し、旧Aは新Bを、旧Bは新Aを再生産します。このようにして旧A—新B、旧B—新Aの組み合わせからなる2組の二重らせんDNAが合成されるのです。

② ヌクレオチドの対応

DNAが分裂再生産する場所には、たくさんの**ヌクレオチド**があります。DNAの二重らせんが端から解けると、解けた旧A鎖、旧B鎖のヌクレオチドは対応相手のいない状態になります。

ここにそれぞれ対応するヌクレオチドが寄っていき、次々と結合して新しいDNA鎖をつくります。このようにして、もとの二重らせんとまったく同じ構造の二重らせんが2組できあがります。

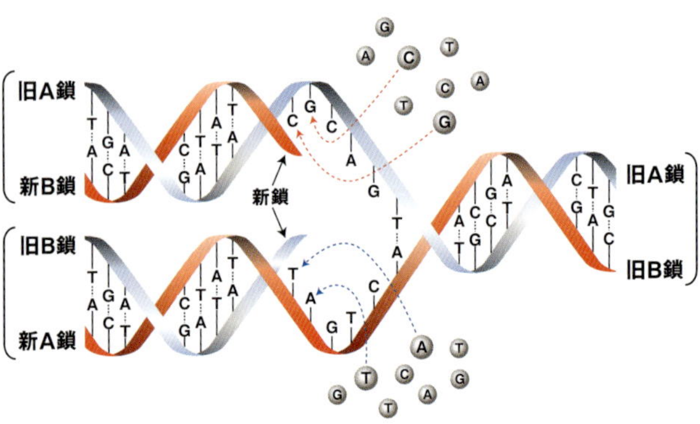

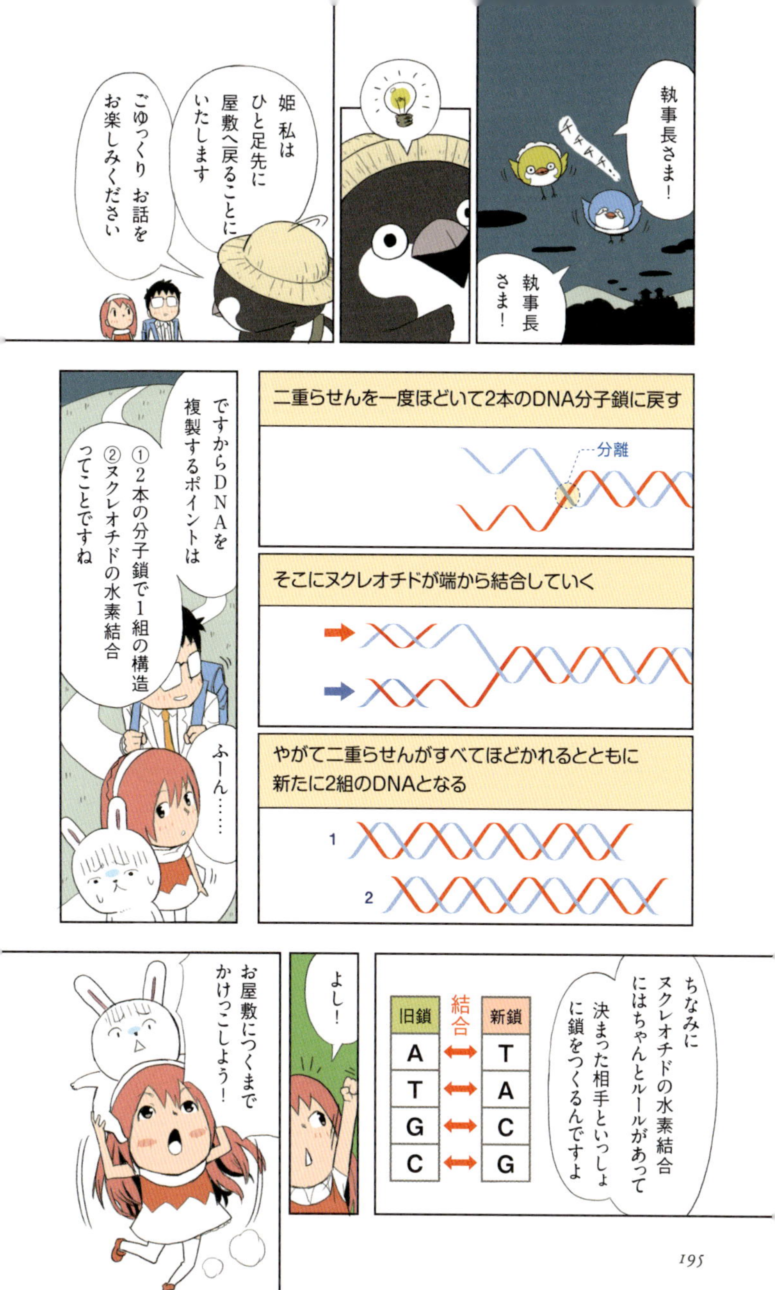
執事長さま！
チチチチ…
執事長さま！
姫 私はひと足先に屋敷へ戻ることにいたします
ごゆっくり お話をお楽しみください
二重らせんを一度ほどいて2本のDNA分子鎖に戻す
分離
そこにヌクレオチドが端から結合していく
やがて二重らせんがすべてほどかれるとともに新たに2組のDNAとなる
1
2
ですからDNAを複製するポイントは
①2本の分子鎖で1組の構造 ②ヌクレオチドの水素結合ってことですね
ふーん……
ちなみにヌクレオチドの水素結合にはちゃんとルールがあって
決まった相手といっしょに鎖をつくるんですよ
旧鎖
結合
新鎖
A T
T A
G C
C G
よし！
お屋敷につくまでかけっこしよう！

8 CHAPTER
10 SECTION

RNAってなんの役目をするの?

① RNAの合成

DNAは遺伝作業の指令書であり、**RNA**はこの指令書にもとづいてタンパク質をつくる現場監督です。

DNAのうち、遺伝に関係する部分を**遺伝子**といいますが、それはDNA全体の10%にも満たないものです。残り90%以上は役に立たないもので、**ジャンクDNA**と呼ばれます。

DNAの遺伝子部分だけをつなぎ合わせたものがRNAです。ですからRNAは母から娘へ手渡されるものではなく、母からの手紙(DNA)をもとに、娘が自分でつくったものなのです。

② RNAの働き

RNAもDNAと同様に4種の文字を用いますが、それは**AUGC**で、DNAとはTが異なっています。

RNAはこのうち3個の文字を使ってアミノ酸の種類を指定します。これを**コドン**といいます。アミノ酸はコドンの順序にしたがって集合し、結合して一次構造をつくり、やがて高次構造をつくってタンパク質となります。そして酵素として生化学反応を制御し、遺伝情報を具体的な構造に構築するのです。

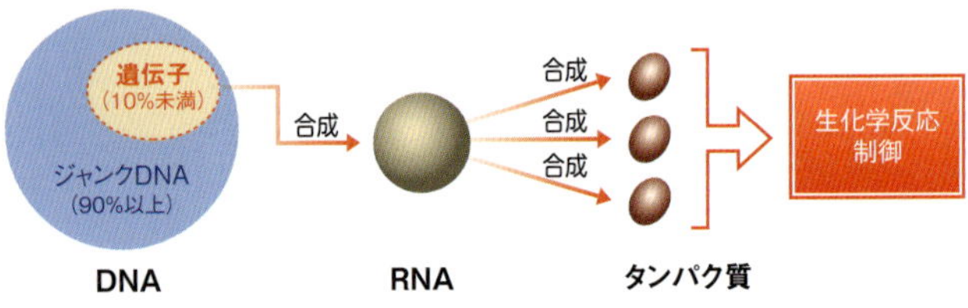

RNAはDNAから転写された核酸でアミノ酸を合成する設計図になります！
ヌクレオチドの配列
A U G A C G G A G C U U C G G
A U G
コドン1
A C G
コドン2
G A G
コドン3
C U U
コドン4
C G G
コドン5
はっ
はっ
はっ
はっ
ゴール！
お帰りなさいませ　姫
さっそくですがつい先ほど
父君と母君が宇宙視察より　無事お帰りになられました
3年ぶりでございますね……姫
……そう
お父様　お母様
有機化学ってご存じかしら
ね　先生
あと20m…！
おしまい

Column
毒物

第8章の本文で紹介したものは生命を守る化合物が中心でしたが、化合物のなかには生命を脅かすものもあります。その中心が**毒物**です。

毒物といえば青酸カリKCNが有名ですが、青酸カリは呼吸毒です。呼吸毒というのは、筋肉を硬直させて息をできなくするのではなく、細胞への酸素運搬を妨げるのです。すなわち、シアン化物イオンCN^-がヘム中の鉄に不可逆的に結びつき、離れなくなるのです。そのため、ヘムは酸素と結合することができず、酸素運搬ができなくなるというわけです。一酸化炭素も同様の反応機構の毒物です。

猛毒キノコのベニテングタケは、ムスカリンという毒素をもっています。この物質の構造は神経伝達物質のアセチルコリンにソックリです。そのため神経細胞はムスカリンをアセチルコリンに間違え、誤った情報を流してしまうのです。このような毒を神経毒といいます。

フグ毒のテトロドトキシンも神経毒です。複雑な構造をしていますが、この構造は日本人化学者によって決定されました。テトロドトキシンはフグが合成するのではなく、餌の中にあるものをフグが貯蔵したものであることがわかっています。

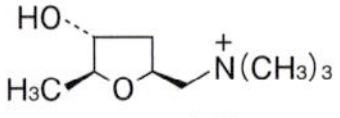
ムスカリン

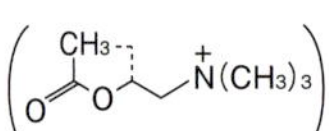
アセチルコリン

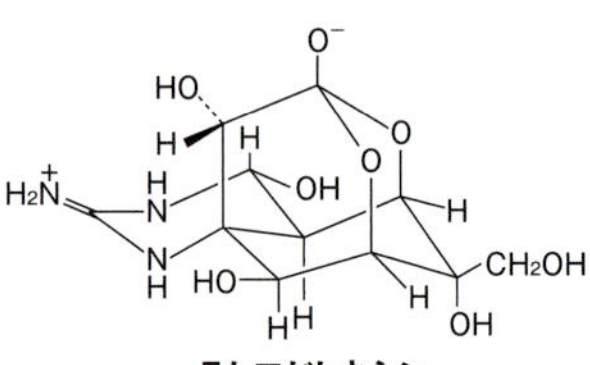
テトロドトキシン

CHAPTER 9

有機化学実験

有機化学の重要な研究分野の１つは有機合成化学です。有機合成化学は、これまで宇宙に存在しなかった新物質を人間の手でつくりだす創造の科学です。そのためには実験が重要になります。実験の楽しさ、それは有機化学の大きな魅力でもあります。

9 CHAPTER
1 SECTION

S_N1反応の反応速度

① 実験

① 少量の塩化亜鉛$ZnCl_2$を塩酸HClに溶かした溶液をつくる

② 3本の試験管それぞれにエタノール❶、2—プロパノール❷、2—メチル—2—プロパノール❸を入れる

③ 各アルコールに①の塩酸溶液を加え、撹拌して放置する

結果 2層に分離する速さを比較すると❶<❷<❸の順序であり、❸がもっとも速いことがわかります。

② 考察

この反応は一分子求核置換反応(S_N1反応)です。したがって陽イオン中間体を経由して進行しますが、陽イオンの構造はそれぞれ、**右下図**に示したとおりです。

この反応が速く進むかどうかは、陽イオンが安定かどうかにかかっています。陽イオンが安定なものほど速く進みます。陽イオンは電子不足ですから、電子を供給する置換基、メチル基がついていると安定化し、しかもメチル基の個数が多いほど有利になります。

3種類のイオンを比較すると、❹は1個のメチル基しかもっていませんが、❺は2つ、❻は3つもっています。したがって安定性の順序は❹<❺<❻の順序になります。そのため、反応の速度もこの順序を反映して❶<❷<❸の順序になったのです。

置換反応がS_N1で進むかS_N2で進むかは反応条件によって変わります。反応がどちらで進んでいるかを知るためには、このような置換基の効果を見るのも1つの方法です。

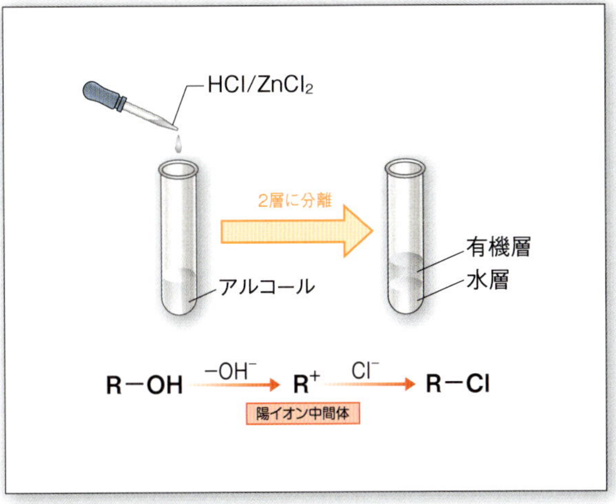
HCl/ZnCl2
2層に分離
アルコール
有機層
水層
R−OH
−OH⁻
R⁺
Cl⁻
R−Cl
陽イオン中間体

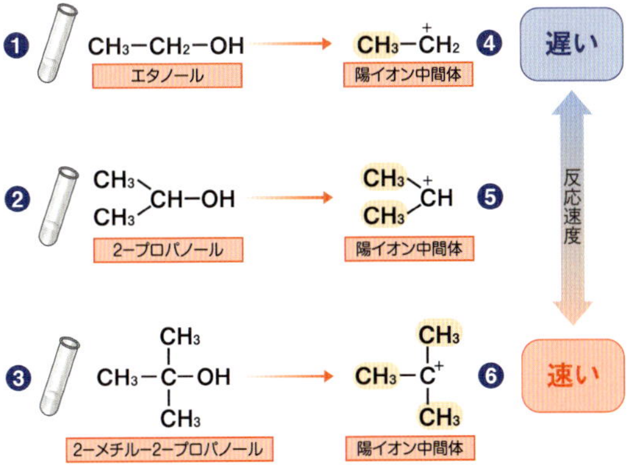
1
CH3−CH2−OH
エタノール
CH3−CH2+
陽イオン中間体
4
遅い
2
CH3 CH−OH CH3
2−プロパノール
CH3 CH+ CH3
陽イオン中間体
5
反応速度
3
CH3 CH3−C−OH CH3
2−メチル−2−プロパノール
CH3 CH3−C+ CH3
陽イオン中間体
6
速い

9 CHAPTER
2 SECTION

臭素付加反応

① 実験*

① 2本の試験管それぞれにオクタンC_8H_{18}とオクテンC_8H_{16}の無色液体を入れる

② それぞれの試験管にスポイトを用いて臭素の赤褐色の液体を加えて撹拌する

結果 各試験管内の溶液の色を比較すると、オクタンのほうは赤褐色になりますが、オクテンのほうは臭素の赤褐色が消え、無色になります。

② 考察

臭素は二重結合や三重結合などの不飽和結合に付加して臭化物を与えます。したがって、C=C二重結合をもつアルケン、C≡C三重結合をもつアルキンとは反応しますが、不飽和結合をもたないアルカンとは反応しません。

臭素は赤褐色の液体ですから、臭素と反応しないアルカンに加えれば、その液体は臭素の色で赤褐色になります。それに対してアルケンやアルキンの場合には臭素と反応して無色の臭化物に変化します。そのため臭素の色は消えてしまって、過剰に加えないかぎり溶液は赤褐色になりません。

この反応は、構造未知、すなわち構造のわからない未知物質の構造決定の手段として用いることができます。つまり、構造未知の物質に臭素を加えたとき、赤褐色になれば、その物質に不飽和結合はないことになります。一方、臭素が脱色されたら、不飽和結合があることになります。

*注：臭素は肌につくと激しい反応を起こし、非常に危険です。取り扱いには十分に注意してください。

臭素は不飽和結合（二重結合・三重結合）とのみ反応して無色の臭化物になる

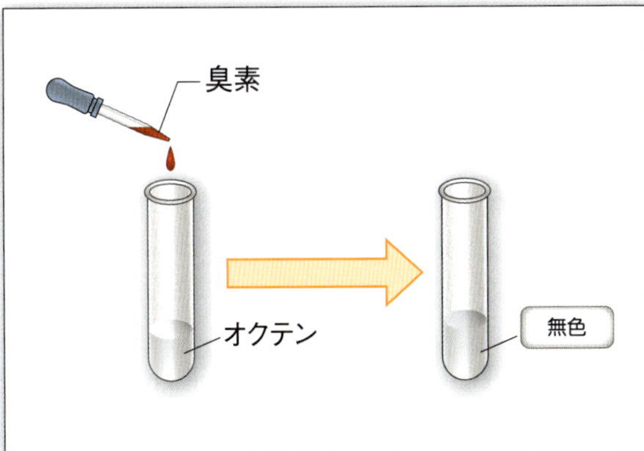

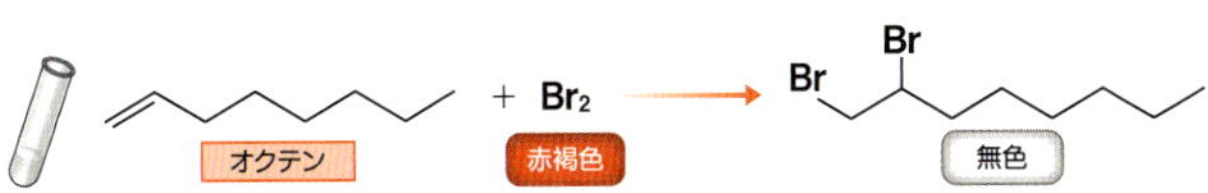

ヨードホルム反応

① 実験

① ヨウ素I_2と水酸化カリウムKOHの赤い水溶液をつくる

② 2本の試験管のそれぞれに1—プロパノン❶と2—プロパノン❷を入れる

③ ①の水溶液をそれぞれの試験管に入れて攪拌する

結果 ❷の溶液からはヨードホルムCHI_3の黄色の結晶が生じますが、❶の溶液からは生じません。

② 考察

この反応は**ヨードホルム反応**と呼ばれ、アセチル基$CH_3C=O$をもっている化合物に特有の反応です。したがって❶はアセチル基をもっていないので反応せず、❷だけが反応することになります。

この反応を用いると、構造未知の化合物にアセチル基が含まれるかどうかを簡単に判定することができるので、構造決定に用いることができます。

反応は**右図**のように進行します。すなわち、化合物❷がエノール化して❸になります。❸のヒドロキシ基OHがカルボニル基C=Oに戻るときにヨウ素イオンI^+を捕まえると、一ヨウ化物❹となります。同様の反応が合計3回繰り返されると、三ヨウ化物❺になります。

❺のカルボニル基の炭素はプラスに荷電していますので、ここに水酸化物イオンOH^-が攻撃すると、酢酸❻とヨードホルムが生じるのです。

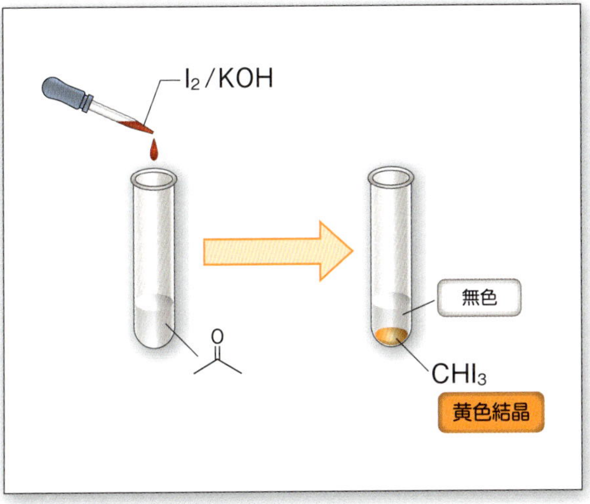
I2/KOH
無色
CHI3
黄色結晶

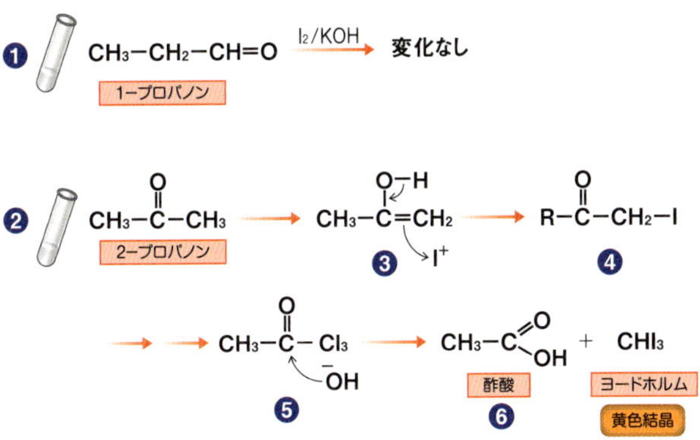
1
CH3−CH2−CH=O
1−プロパノン
I2/KOH
変化なし
2
CH3−C−CH3
2−プロパノン
CH3−C=CH2
3
I+
R−C−CH2−I
4
CH3−C−CI3
OH
5
CH3−C
OH
酢酸
6
CHI3
ヨードホルム
黄色結晶

フェーリング反応と銀鏡反応

① 実験

アルデヒドの定性実験として**フェーリング反応**と**銀鏡反応**があります。

◆フェーリング反応

硫酸銅(Ⅱ) $CuSO_4$ を含む青い水溶液(フェーリング液)に無色のアセトアルデヒドを加えると、赤い沈殿物が生成します。

◆銀鏡反応

無色のアンモニア性硝酸銀 $AgNO_3$ 水溶液にアセトアルデヒドを加えると、試験管の内側の器壁が銀色の鏡になります。

② 考察

アルデヒドは酸化されやすく、酸化されてカルボン酸になります。酸化されやすいということは、酸素と化合しやすいということです。ということは、相手から酸素を奪ってしまうことであり、相手を還元しやすいということになります。すなわち、アルデヒドは還元性をもった物質であり、**還元剤**なのです。

還元剤とは電子的な観点から見ると、相手に電子を与える物質でもあります。したがって $CuSO_4$ の銅(Ⅱ)イオン Cu^{2+} は、アルデヒドに会うと還元され、電子をもらって銅(Ⅰ)イオン Cu^{+} になり、酸化銅(Ⅰ) Cu_2O の赤い沈殿になります。これが**フェーリング反応**です。

一方、硝酸銀の Ag^{+} は還元されて Ag^{0} の金属銀になり、器壁に析出して鏡になります。これが**銀鏡反応**です。

これらの反応は化合物の還元性の有無を判定するのに用いられます。還元性をもっていればアルデヒドの可能性があります。

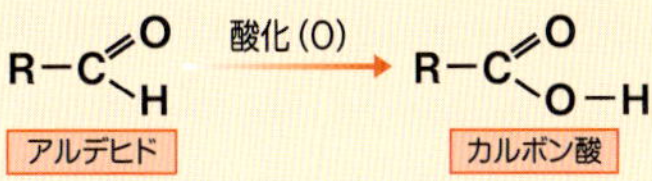

アルデヒドは
酸化される
＝
還元する
＝
還元剤

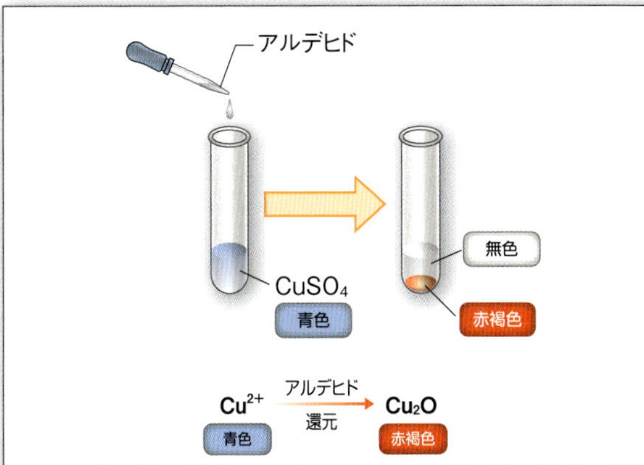

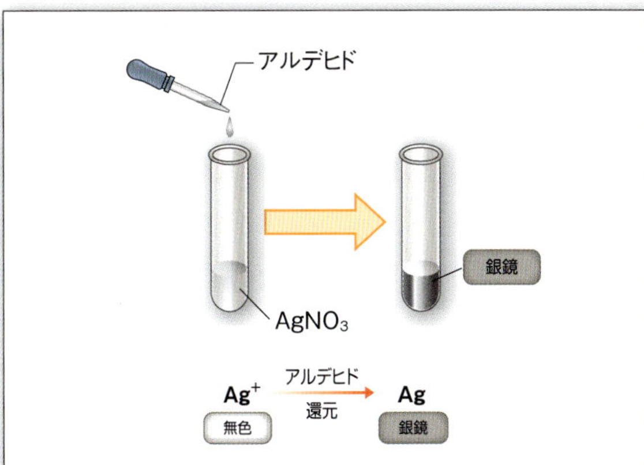

9 CHAPTER 5 SECTION

グリニャール反応装置

① グリニャール反応

グリニャール反応はケトン$R_2C=O$をアルコールR_3COHに変える反応です。

グリニャール反応ではまず、金属マグネシウムとハロゲン化物を反応させて、グリニャール試薬をつくります。そこにケトンを加えてグリニャール反応を行い、中間体を合成します。最後にこの中間体を水で分解して、最終生成物のアルコールにします。

グリニャール反応は、この一連の反応すべてを、同一の反応装置で行います。このように、一連の反応を1つの反応装置で行うものを、**ワンポット反応**と呼ぶことがあります。

② グリニャール反応装置

グリニャール試薬は湿気や酸素と反応するので、それらを除くため、反応装置には特別な工夫がこらされます。

右図は代表的な**グリニャール反応装置**です。反応は三口フラスコの中で行われます。フラスコは加熱するため、シリコンオイルを入れたオイルバス（油浴）の中に入れ、**加熱電磁攪拌器**で加熱します。

③ 加熱電磁攪拌器

加熱電磁攪拌器の内部では、強力な磁石がモーターで回転しています。これが、オイルバスやフラスコの中に入れた磁石製の回転子を回転させ、中の液体を攪拌します。

④ 冷却器

反応容器を加熱すると、反応溶液（溶媒）が沸騰して気体になります。それを冷却して、ふたたび液体に戻す装置が**冷却器**です。

冷やされて液体となった溶媒は、冷却器からしたたり落ちて反応溶液に戻ります。このように、溶媒は反応容器と冷却器の間を循環するので、この加熱法を**加熱還流**といいます。加熱還流では、溶液の温度（反応温度）は溶液の沸点ということになります。

⑤ 滴下ロート

フラスコ中の基質溶液に、試薬溶液を加える装置が**滴下ロート**です。コックの開閉によって、任意の速度で試薬を加えることができます。

滴下ロートにはバブラーをつないで系内に窒素ガスを充満させ、系内の湿気や酸素を排出します。余分な窒素は流動パラフィンを通って系外へ放出されます。

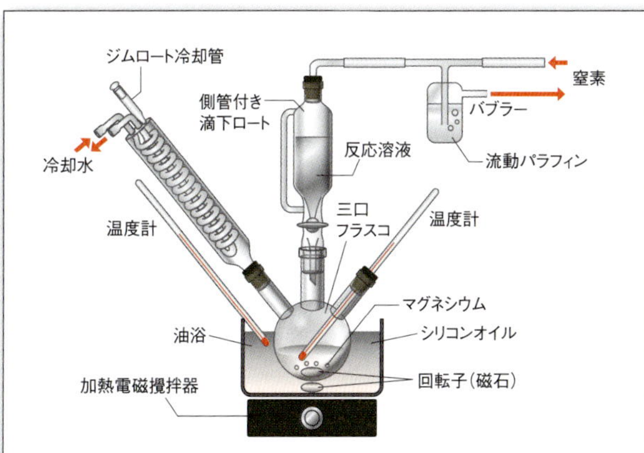

グリニャール反応の実際

グリニャール反応は3段階で行われます。

①グリニャール試薬の調整、②グリニャール試薬と基質の反応、③生成した中間体の分解です。

① グリニャール試薬の調整

三口フラスコに、金属マグネシウムのリボン箔（はく）を細かく切ったものと乾燥溶媒を入れます。グリニャール反応の溶媒には、エーテルやTHFがよく用いられます。

滴下ロートに塩化物❶の溶液を入れて滴下すると、❶とマグネシウムが反応し、グリニャール試薬❷が生成します。

② グリニャール反応

空になった滴下ロートに、カルボニル化合物❸の溶液を入れて滴下します。すると先にできていたグリニャール試薬❷との反応が起こり、中間体❹を生成します。

この反応は激しく発熱することがありますから、その場合にはオイルバスの代わりに氷浴で冷やすこともあります。ハロゲン化物を加え終わると反応も落ち着きますが、その後数十分間オイルバスで加熱して加熱還流を行います。

③ 分解

ふたたび空になった滴下ロートに水を入れて滴下します。中間体❹が水で分解され、最終生成物のアルコール❺を生成します。

この反応は激しく発熱することがありますから、最初はユックリと様子を見ながら水を加える必要があります。

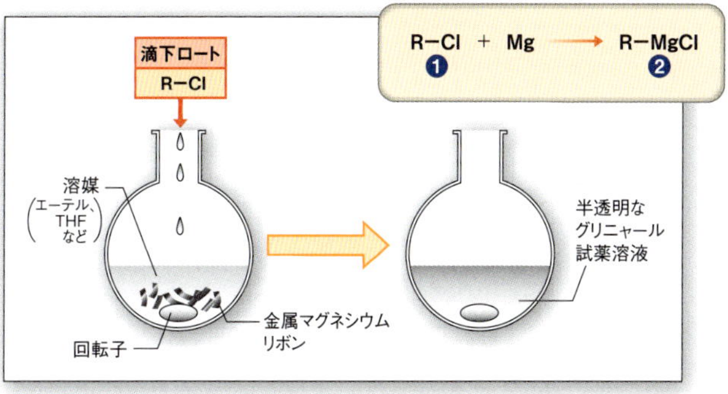
R−Cl + Mg → R−MgCl
1
2
滴下ロート
R−Cl
溶媒
（エーテル、THFなど）
回転子
金属マグネシウムリボン
半透明なグリニャール試薬溶液

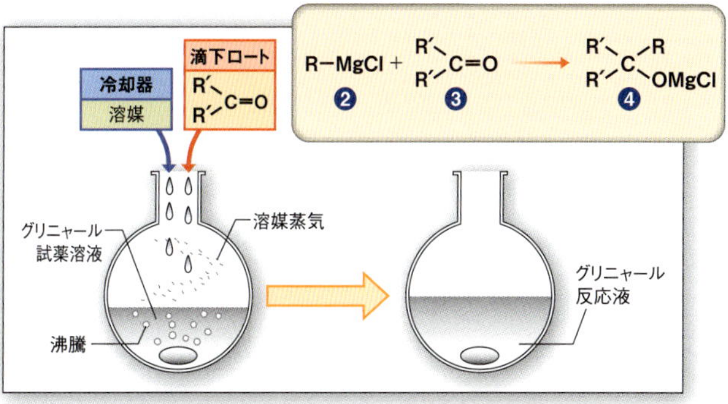
R−MgCl + R′R′C=O → R′R′C(R)OMgCl
2
3
4
冷却器
溶媒
滴下ロート
R′R′C=O
グリニャール試薬溶液
溶媒蒸気
沸騰
グリニャール反応液

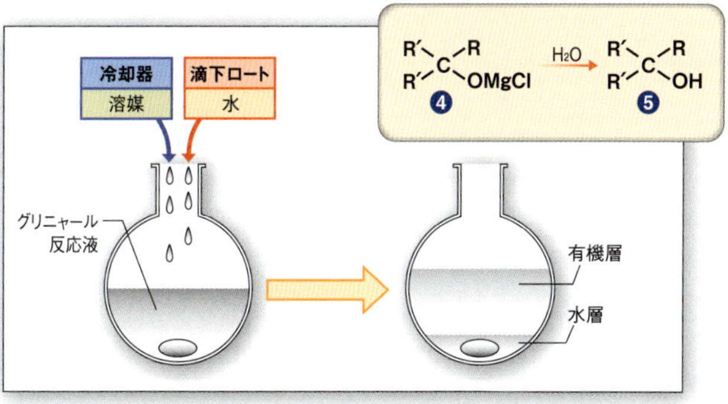
R′R′C(R)OMgCl →(H2O) R′R′C(R)OH
4
5
冷却器
溶媒
滴下ロート
水
グリニャール反応液
有機層
水層

生成物の分離——抽出

① 分離操作

反応実験が終わっても、ただちに生成物が手に入るわけではありません。反応溶液には目的物のほかに、溶媒がソックリ残っていますし、未反応の原料物質や、種々雑多な副生成物が混じっています。目的物を手に入れるためには、さらに生成物を分離する実験操作が必要になります。これを**分離操作**といいます。

② 抽出

グリニャール反応溶液には、生成物のほかに、溶媒と水、それにマグネシウムから生じた無機塩が混じっています。

まず、水と無機塩を除きましょう。反応溶液を分液ロートに入れると、比重の違いによって下層の水層と上層の有機層に分かれます。生成物は有機物ですから溶媒に溶けて有機層にいます。それに対して無機塩は水に溶けて水層にいます。

分液ロートのコックを開くと水相は三角フラスコに入ります。残った有機層を別の三角フラスコに取れば、水層と有機層が分離され、結果的に生成物と無機塩が分離されたことになります。

③ 溶媒留去

有機層から溶媒を除くことを**溶媒留去**といいます。そのためには**ロータリーエバポレーター**という装置を用います。これは溶液の入ったフラスコの内部を**減圧**（1気圧より低い気圧にすること）し、回転しながら加熱する装置です。

この装置は溶液から溶媒だけを蒸発（エバポレート）させ、生成物をフラスコ内に残してくれます。

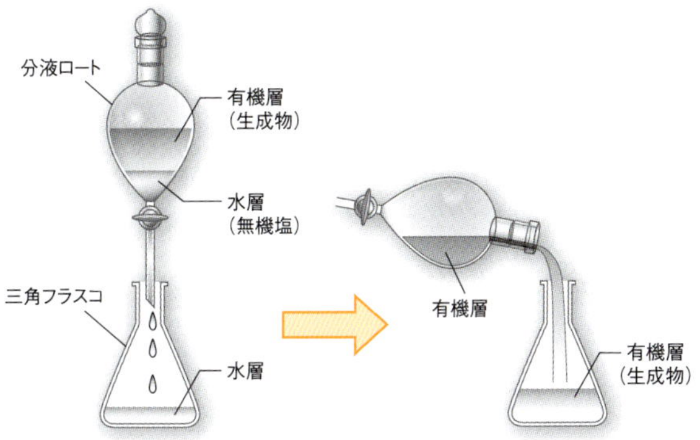

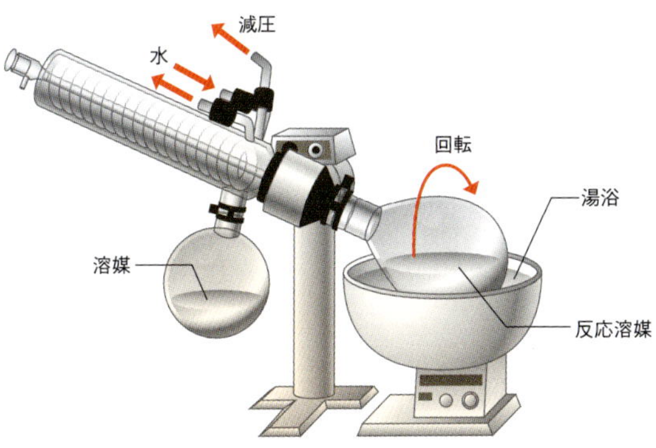

ロータリーエバポレーター

生成物の分離——蒸留

反応溶液から抽出操作で取りだしたばかりの生成物は、多くの場合、いろいろな不純物が混じった混合物です。ここから生成物を純粋な物質として取りだすためには、各種の分離操作を繰り返す必要があります。

多くの化学実験では、この分離操作に大部分の時間を費やします。反応時間1時間、分離操作に1週間、というようなことはザラにあります。そのような操作の1つに**蒸留**があります。

① 装置

蒸留は、液体の混合物を沸点の違いによって分離する操作です。その基本的な装置を**右図**に示しました。

混合液体を入れた**ナス形フラスコ**に蒸留塔を接続します。丸底フラスコと違い、ナス形フラスコには口の付け根に肩がないので、内部の固形物を取りだしやすく、また洗浄にも便利なので、有機化学ではナス形フラスコがよく用いられます。

蒸留塔の上部には温度計がついています。蒸留塔には冷却器を接続し、その端にアダプターを介して、受け器として何個かのフラスコを接続します。

② 操作

混合溶液の入ったフラスコをオイルバスに入れて加熱します。すると、もっとも沸点の低い成分①がまず蒸発してきます。それは気体になって蒸留塔を上昇し、温度計に沸点を示して冷却器に達し、冷却されて液体になります。その後冷却器内を流れて受け器のフラスコ①に入ります。

実験者は温度計を監視します。温度が一定の間は成分①が出続けていることになります。成分①が出終わって、気体がなくなって温度が下がったら、受け器の接続部分を回転して、受け器を②に変えます。

次にオイルバスの温度を上げます。すると2番目に沸点の低い成分②が気体になり、冷却器で冷やされて液体としてでてくるので、それを受け器②に受けます。

このような操作を繰り返すことによって、混合物の成分を沸点の違いによって分離することができます。多くの場合、生成物の沸点は高いので、系内を減圧して沸点を下げて行います。このような蒸留を**減圧蒸留**といいます。

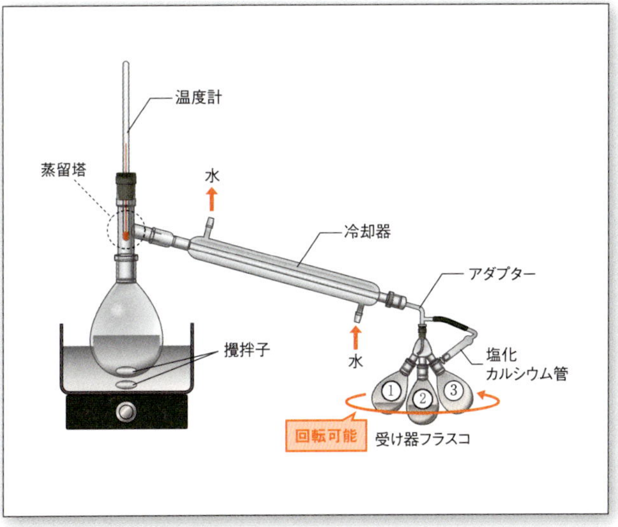

生成物の分離——クロマトグラフィー

混合物を分離する手段には抽出、蒸留、昇華、再結晶などいろいろありますが、なかでも万能でよく利用される分離手段が**クロマトグラフィー**です。クロマトグラフィーにはいろいろな種類がありますが、基本的なものを見てみましょう。

① ペーパークロマトグラフィー

クロマトグラフィーの原理的なものは、紙に対する吸着性の違いによって分離する**ペーパークロマトグラフィー**です。

短冊形のろ紙の下部に混合物の液体を染み込ませます。このろ紙を容器に入れ、下部1cmほどを適当な溶媒(展開溶媒)に浸します。

溶媒は毛細管現象によってろ紙を上昇します。この際、ろ紙に吸着されにくい成分は溶媒とともにろ紙を上昇します。しかし吸着されやすい成分は、ろ紙の下部に残ります。このように、ろ紙に対する吸着性の差によって混合物が分離されるのです。

各成分を取りだしたいときには、ろ紙のその成分の部分を切り取り、適当な溶媒につければ、ろ紙上の成分が溶媒に溶けだしてきます。

② カラムクロマトグラフィー

ペーパークロマトグラフィーの原理を大きなスケールで行うのが**カラムクロマトグラフィー**です。

ガラス管(カラム)に適当な吸着物質(アルミナゲル Al_2O_3、シリカゲル SiO_2 など)を入れ、その上部に混合物の液体を染み込ませます。上から適当な溶媒を流すと、溶媒は吸着物質を通過して、下の受け器に溜まります。

この際、混合物も少しずつ下降しますが、吸着剤との親和性の大小によって、吸着剤の上で分離されます。分離された成分が下から流れだしてきたときに、受け器を交換することによって各成分に分離することができます。

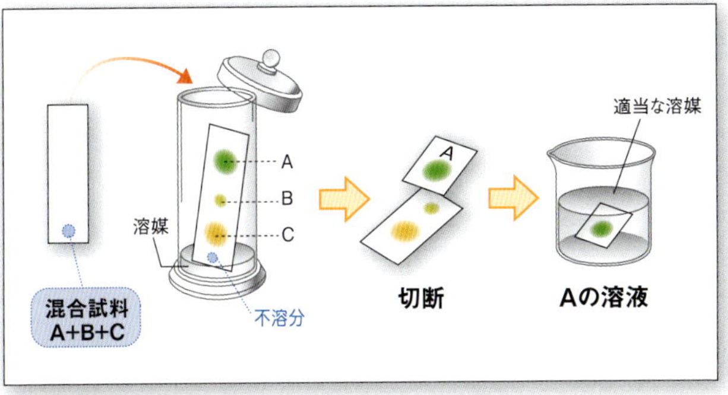

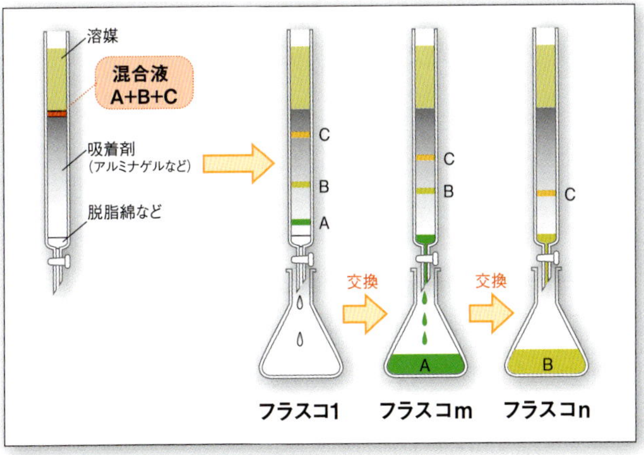

生成物の分離——再結晶

結晶性の物質を精製し、純度を高めるために行う操作が**再結晶**です。

① 原理

再結晶は、固体の溶解度が温度によって異なることを利用したものです。

固体の溶解度は多くの場合、高温になるほど大きくなります。結晶Aの溶媒Bに対する溶解度が**右図**のようなグラフになったとしましょう。図によれば物質Aは、100gの溶媒Bに対して80度で100g溶けます。しかし20度では10gしか溶けません。

したがって、80度でつくった飽和溶液を冷まして20度にしたら、90gのAは溶けきれずに結晶として析出することになります。これが再結晶の根本原理です。

② 実験

不純な物質A100gを80度の溶媒B100gに溶かして、飽和溶液をつくります。この溶液を放冷して20度にすると、溶媒に溶けることができるAは10gに減りますから、残り90gは結晶として析出します。

不純物はもともと濃度が低いので、20度になっても飽和に達せず、溶けたままで析出しません。したがって、析出した結晶におけるAの純度は高くなっています。このような操作を繰り返すことによって、純粋なAを得ることができます。

この結晶を、ロートや目皿、ろ紙、吸引ビンなど、適当なろ過装置を用いて**ろ別**するのです。

③ 融点測定

結晶の純度は融点測定によって行います。片方を封じたガラスの細管（長さ5cm、内径0.5mm程度）の中に5mmほどの高さまで結晶Aを入れ、硫酸バスに入れた温度計につけたあと、硫酸バスをブンゼンバーナーで加熱して融点を測ります。

1分間に3度程度の温度上昇幅で加熱し、結晶の溶け始めの温度と溶け終わりの温度の幅を**融点レンジ**といいます。融点レンジが0.5度以内になったら純粋になったものとします。

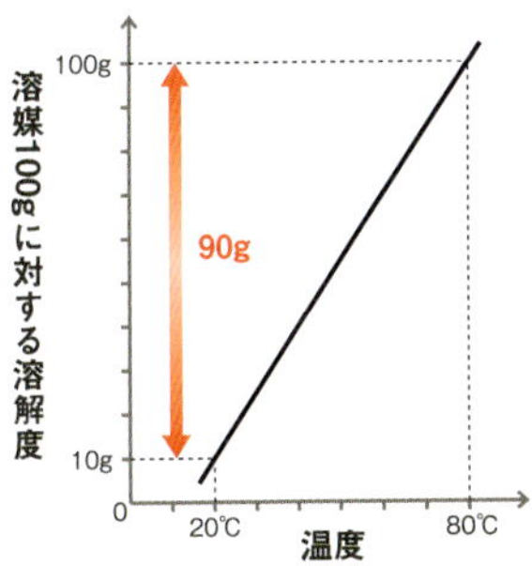

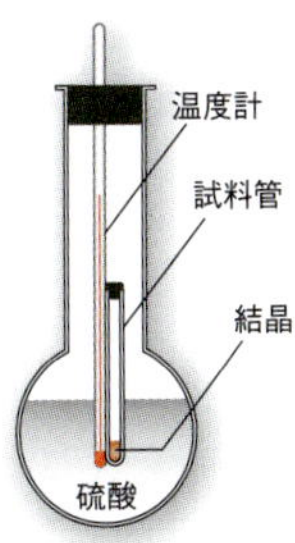

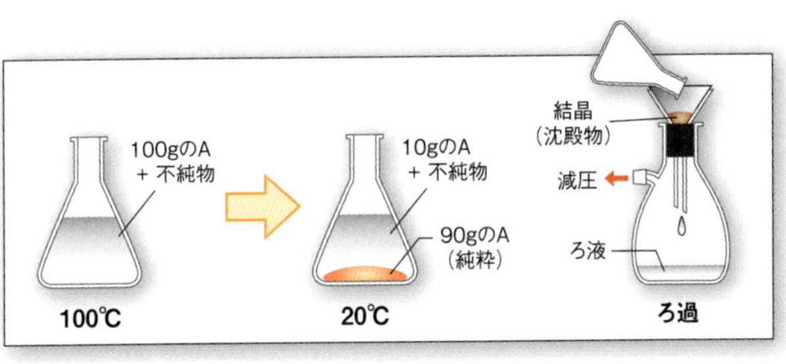

索　引

《参考文献》

『ボルハルト・ショアー現代有機化学 第四版／上・下巻』 K.Peter C. Vollhardt、Neil E. Schore（著）、古賀憲司、野依良治、村橋俊一（訳）（化学同人、2004年）

『大学院　有機化学／上・中・下巻』 岩村秀、中井武、野依良治、北川勲（編）（講談社、1988年）

『有機化学（化学入門コース）』 竹内敬人（著）、梅沢喜夫・大野公一（編）（岩波書店、1998年）

『有機化学』 奥山格（丸善、2008年）

『構造有機化学—有機化学を新しく理解するためのエッセンス』 齋藤勝裕（三共出版、1999年）

『絶対わかる有機化学』 齋藤勝裕（講談社、2003年）

『絶対わかる高分子化学』 齋藤勝裕（講談社、2005年）

『絶対わかる生命化学』 齋藤勝裕、下村吉治（講談社、2007年）

『絶対わかる有機化学の基礎知識』 齋藤勝裕（講談社、2005年）

『目で見る機能性有機化学』 齋藤勝裕（講談社、2002年）

『分子のはたらきがわかる10話』 齋藤勝裕（岩波書店、2008年）

『毒と薬のひみつ』 齋藤勝裕（ソフトバンク クリエイティブ、2008年）

サイエンス・アイ新書 発刊のことば

science・i

「科学の世紀」の羅針盤

20世紀に生まれた広域ネットワークとコンピュータサイエンスによって、科学技術は目を見張るほど発展し、高度情報化社会が訪れました。いまや科学は私たちの暮らしに身近なものとなり、それなくしては成り立たないほど強い影響力を持っているといえるでしょう。

『サイエンス・アイ新書』は、この「科学の世紀」と呼ぶにふさわしい21世紀の羅針盤を目指して創刊しました。情報通信と科学分野における革新的な発明や発見を誰にでも理解できるように、基本の原理や仕組みのところから図解を交えてわかりやすく解説します。科学技術に関心のある高校生や大学生、社会人にとって、サイエンス・アイ新書は科学的な視点で物事をとらえる機会になるだけでなく、論理的な思考法を学ぶ機会にもなることでしょう。もちろん、宇宙の歴史から生物の遺伝子の働きまで、複雑な自然科学の謎も単純な法則で明快に理解できるようになります。

一般教養を高めることはもちろん、科学の世界へ飛び立つためのガイドとしてサイエンス・アイ新書シリーズを役立てていただければ、それに勝る喜びはありません。21世紀を賢く生きるための科学の力をサイエンス・アイ新書で培っていただけると信じています。

2006年10月

※サイエンス・アイ（Science i）は、21世紀の科学を支える情報（Information）、知識（Intelligence）、革新（Innovation）を表現する「i」からネーミングされています。

SB Creative

science・i
サイエンス・アイ新書
SIS-136

https://sciencei.sbcr.jp/

マンガでわかる有機化学(ゆうきかがく)
結合(けつごう)と反応(はんのう)のふしぎから 環境(かんきょう)にやさしい化合物(かごうぶつ)まで

2009年10月24日　初版第1刷発行
2019年 7月8日　初版第13刷発行

著　　者　齋藤勝裕(さいとうかつひろ)
発 行 者　小川 淳
発 行 所　SBクリエイティブ株式会社
〒106-0032　東京都港区六本木2-4-5
電話：03-5549-1201(営業部)
組　　版　クニメディア株式会社
印刷・製本　図書印刷株式会社

ISBN 978-4-7973-5185-9

SB Creative